软件测试丛书

软件测试 实战指南

邹福英　陈玲　等◎编著

人民邮电出版社

北　京

图书在版编目（CIP）数据

软件测试实战指南 / 邹福英等编著. -- 北京：人
民邮电出版社，2022.3
（软件测试丛书）
ISBN 978-7-115-57864-8

Ⅰ. ①软… Ⅱ. ①邹… Ⅲ. ①软件－测试－指南
Ⅳ. ①TP311.55-62

中国版本图书馆CIP数据核字(2021)第231213号

内 容 提 要

本书图文并茂，首先讲解软件测试技术的概况、软件测试的分类和软件测试模型；然后介绍如何
分析测试需求，如何满足需求，如何设计测试用例，如何执行测试；最后结合具体的案例讨论软件测
试缺陷的管理、测试文档的编写、用户验收阶段/上线阶段的测试工作，以及软件质量管理。

本书适合初级、中级测试工程师阅读，也适合项目经理、测试经理阅读，还适合作为培训机构的
教材。

◆ 编　著　邹福英　陈　玲　等
　　责任编辑　谢晓芳
　　责任印制　王　郁　焦志炜

◆ 人民邮电出版社出版发行　北京市丰台区成寿寺路 11 号
　　邮编　100164　电子邮件　315@ptpress.com.cn
　　网址　https://www.ptpress.com.cn
　　山东百润本色印刷有限公司印刷

◆ 开本：800×1000　1/16
　　印张：14.25　　　　　　　　　　　2022 年 3 月第 1 版
　　字数：258 千字　　　　　　　　　2022 年 3 月山东第 1 次印刷

定价：79.90 元

读者服务热线：(010)81055410　印装质量热线：(010)81055316
反盗版热线：(010)81055315
广告经营许可证：京东市监广登字 20170147 号

前　言

本书结合典型的软件测试项目，讲解入门软件测试需要学习的理论和技能，以测试工作流程作为主线，依次介绍软件测试是什么，测试人员做什么，测试人员怎么做，测试人员学什么，测试人员怎么学，帮助读者提升测试水平。

本书包含多个小故事、漫画，并结合大量的实战案例来讲解软件测试。本书从什么是软件测试开始讨论，对软件测试的必要性、软件测试的发展及未来进行概述，并按通用的软件测试流程分类详解，从而使读者能够轻松理解测试知识并运用到实际项目工作中。本书旨在讲述清楚软件测试人员究竟是做什么的。

本书主要内容如下。

第 1 章讲解软件测试的由来、软件测试工程师的主要工作内容与要求等。

第 2 章讲解软件测试的支点，包括各种软件测试与软件测试模型。

第 3 章讲解如何分析需求，如何满足需求。

第 4 章讲解如何设计既通俗易懂又能高效检测出 Bug 的测试用例。

第 5 章讲解如何用不同的技术进行软件测试。

第 6 章讲解软件测试中 Bug 的管理方法与技巧，以及 Bug 管理工具的使用。

第 7 章讲解软件测试文档设计及管理等。

第 8 章讲解用户验收测试与项目上线阶段的工作。

第 9 章讲解软件质量管理体系，全面质量管理体系是一个优秀的软件测试人员应具备的知识。

附录 A 讲解软件测试面试技巧和常见面试题。

附录 B 介绍国内的测试社区。

附录 C 介绍国产软件测试工具。

术语表列出软件测试领域常见的术语。

本书主要由邹福英、陈玲等编著。李艳秋、岳丹、毛智凯、刘启平、许财健、瞿曼、曾冬莲、叶远东、朱锦堂、谢思亮等也参与了本书的部分编写工作。

服务与支持

本书由异步社区出品，社区（https://www.epubit.com/）为您提供后续服务。

提交勘误

作者和编辑尽最大努力来确保书中内容的准确性，但难免会存在疏漏。欢迎您将发现的问题反馈给我们，帮助我们提升图书的质量。

当您发现错误时，请登录异步社区，按书名搜索，进入本书页面，单击"提交勘误"，输入勘误信息，单击"提交"按钮即可（见下图）。本书的作者和编辑会对您提交的勘误进行审核，确认并接受后，您将获赠异步社区的 100 积分。积分可用于在异步社区兑换优惠券、样书或奖品。

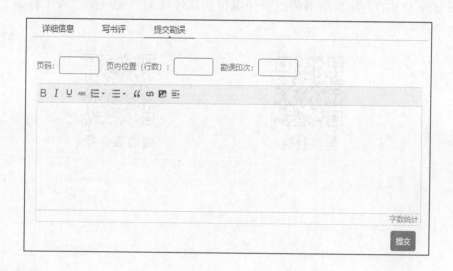

与我们联系

我们的联系邮箱是 contact@epubit.com.cn。

如果您对本书有任何疑问或建议，请您发邮件给我们，并请在邮件标题中注明本书书名，以便我们更高效地做出反馈。

如果您有兴趣出版图书、录制教学视频，或者参与图书翻译、技术审校等工作，可以发邮件给我们；有意出版图书的作者也可以到异步社区投稿（直接访问 www.epubit.com/contribute 即可）。

如果您所在学校、培训机构或企业想批量购买本书或异步社区出版的其他图书，也可以发邮件给我们。

如果您在网上发现有针对异步社区出品图书的各种形式的盗版行为，包括对图书全部或部分内容的非授权传播，请您将怀疑有侵权行为的链接通过邮件发送给我们。您的这一举动是对作者权益的保护，也是我们持续为您提供有价值的内容的动力之源。

关于异步社区和异步图书

"异步社区"是人民邮电出版社旗下 IT 专业图书社区，致力于出版精品 IT 图书和相关学习产品，为作译者提供优质出版服务。异步社区创办于 2015 年 8 月，提供大量精品 IT 图书和电子书，以及高品质技术文章和视频课程。更多详情请访问异步社区官网 https://www.epubit.com。

"异步图书"是由异步社区编辑团队策划出版的精品 IT 专业图书的品牌，依托于人民邮电出版社近几十年的计算机图书出版积累和专业编辑团队，相关图书在封面上印有异步图书的 LOGO。异步图书的出版领域包括软件开发、大数据、人工智能、测试、前端、网络技术等。

异步社区

微信服务号

目 录

第1章 软件测试概要

1.1 揭开软件测试的面纱

软件是什么？下面的公式概括了软件的含义。

$$软件=程序+文档$$

软件测试是什么？下面的公式概括了软件测试的含义。

$$软件测试=程序测试+文档测试$$

广义上，软件测试是指软件生命周期中的检查、评审和确认工作，其中包括对需求分析、设计阶段、开发完成后的维护阶段的各类文档及代码的审查和确认。

狭义上，软件测试是一种对实际输出与预期输出审核或者比较的过程。

软件测试的经典定义如下。

软件测试是指在规定的条件下对程序进行操作，以发现程序错误，衡量软件质量，并对其是否能满足设计要求进行评估的过程。

软件测试的主要工作是验证和确认。

验证是保证软件正确地实现了一些特定功能的一系列活动，即保证软件以正确的方式运行。

确认是一系列的活动和过程，目的是证实在一个给定的外部环境中软件的逻辑正确性，即保证软件做了期望的事情。

软件测试的定义如图 1-1 所示。

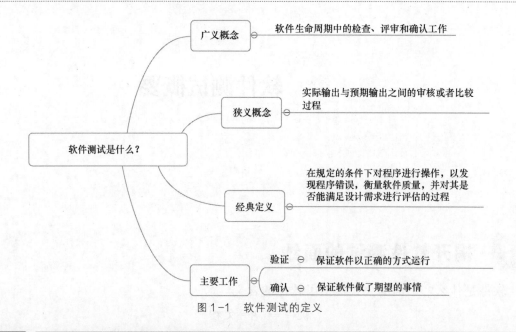

图 1-1　软件测试的定义

1.2　软件测试的来由

如果软件中处处是错误，你会用吗？

就好比国际标准化组织（International Standardization Organization，ISO）的质量认证一样，软件同样需要具有软件质量体系的保证。

若不进行测试活动，我们就很难在发布之前知道软件的质量，因此在发布前就需要在团队中开展软件测试工作。对于在测试的过程中发现软件的缺陷（Bug），要及时让开发人员知道并得到给出相应的解决办法。在项目生命周期中，测试是最后一个环节，也是软件质量把关的最重要环节。

软件测试失败案例

1994 年秋天，迪士尼公司发布了面向孩子们的第一款多媒体光盘游戏——《狮子王》。尽管很多其他的公司已经做了多年的儿童游戏的市场推广，但是这是迪士尼的第一次尝试，它大肆促销并推广。《狮子王》销量巨大。在 1994 年的圣诞节，《狮子王》是孩子们的"必买游戏"。然而结果一败涂地。在 1994 年 12 月 26 日，迪士尼公司的客户服务热线开始响个不停。很快，负责电话支持的技术人员被来自愤怒的父母和哭喊的孩子们的电话淹没了，因为游戏不能正常运行。报纸和电视多次报道了该游戏出问题的事情。

原因是，迪士尼公司没有在当时市场上可以买到的不同型号 PC 上做足够的测试。

该游戏只能在少数一些系统（可能是迪士尼公司的程序员们用来开发游戏的系统）上运行，而不是一般大众所拥有的最常用的系统上运行。

这是一个配置测试（configuration test）失败的案例。

这是一个深刻的教训。这再次证明了软件测试非常重要。

1.3 软件测试工程师到底做什么

软件测试工程师指理解产品的功能要求，并对其进行测试，检查软件有没有缺陷，测试软件是否具有稳定性，写出相应的测试规范和测试用例的专职工作人员。

简而言之，软件测试工程师在软件企业中担当的是"质量管理"角色，及时发现软件问题并督促更正，确保软件的正常运作。

软件测试工程师按级别分为三类。

- 初级软件测试工程师，主要工作是按照软件测试计划，执行软件测试用例的功能测试，检查产品是否存在缺陷。
- 中级软件测试工程师，可以熟练编写软件测试的相关文档，与项目组一起制订软件测试计划，然后按照测试计划完成测试任务，在项目运行中合理利用测试工具完成测试任务。
- 高级软件测试工程师，已经熟练掌握软件测试的相关技术且熟悉软件开发技术，对软件测试及相关行业有深入了解，能够很好地处理可能出现的问题。

软件测试人员的进阶就像是爬山，如图 1-2 所示。

图 1-2 软件测试人员的进阶

1.4 软件测试发展历程

软件测试的发展经历了几个重要时期（见图 1-3）。从最初的以调试为主（1957 年之前），发展到以证明为主（1957～1978 年），接下来发展到以破坏为主（1978～1982 年），再往后发展到以评估为主（1982～1987 年），从 1987 年到 2021 年主要以预防为主。

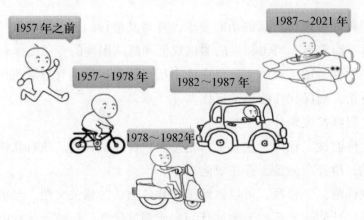

图 1-3　软件测试的发展

以上 5 个阶段的核心工作分别如下。

- **调试**：计算机诞生初期，开发人员承担需求分析、设计、开发、测试等工作，没有区分调试和测试。
- **证明**：区分调试和测试，调试是指确保程序做了程序员想让它做的事情，而测试是指确保程序解决了它该解决的问题。
- **破坏**：测试是为发现错误而执行程序的过程。为了验证，软件测试可能有破坏作用。
- **评估**：测试界提出了验证和确认，软件测试成为一门独立的学科。
- **预防**：测试贯穿整个软件生命周期，做到早介入、早发现、早修复。

软件测试是一项继往开来的事业。

软件质量已经成为衡量软件行业发展与壮大的重要标准。因此，在正式投入运行之前，软件必须经过严格的测试。软件测试行业已经成为朝阳行业。

经过几年经验积累，测试人员可以逐步转向管理或者资深测试工程师，担当测试经理或者部门主管。

1.5 软件测试的无穷魅力

你想跟聪明的人一起共事吗？

你想进入一个朝阳产业吗？

你想在互联网的浪潮中提升一下自我吗？

当然，丰厚的薪资、舒适的工作环境是必需的。

从年龄分布来看，"90 后"成为软件测试从业人员的主力军，如图 1-4 所示（数据图来自网络）。

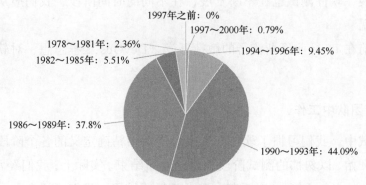

图 1-4　测试人员的年龄分布

调研数据显示，软件测试从业人员的专业主要集中在计算机专业，其比例为 66%；计算机相关专业次之，其比例为 21%；非计算机相关的理工专业占 8%；其他专业共占 5%。

如上所述，计算机专业和计算机相关专业共占 87%，加上非计算机的理工专业达到 95%。

测试人员的行业分布数据如图 1-5 所示（数据图来自网络）。

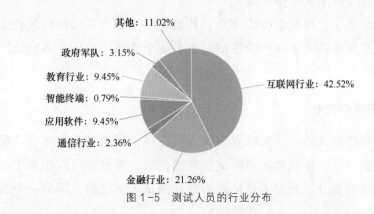

图 1-5　测试人员的行业分布

看完这组数据，你有没有更心动？

1.6　进阶要点

《道德经》说："道可道，非常道；名可名，非常名。"

可以明状的事物往往不是它本来的面目。我们用语言和文字竭尽全力去描绘我们的所见所闻、所思所想，但是稍不注意，就会让人误解。刘禹锡说："常恨言语浅，不如人意深。"我们的语言不足以表达我们的思想和情感。

本章尝试描述清楚软件测试的本来面目，但是不是三言两语可以说清楚的。随着 IT 行业的不断发展，软件测试也在不断发展，在不同的时间阶段，我们应从不同的角度对它进行重新审视。

例如，目前在 IT 行业逐渐流行的敏捷开发、DevOps 工程思想，对软件测试就带来了一定的影响。

1.　在传统团队中工作

在传统测试中，我们习惯了软件开发生命周期中精确定义的各个阶段，即以发布计划和定义需求开始，以匆忙的测试阶段和延迟发布结束。实际上，我们经常被迫担任"门卫"的角色，告诉业务主管："对不起，需求已经冻结了，我们建议在下一个版本中增加这个特性。"

传统的团队重视保证在最终产品中满足所有确定的需求。如果在最初确定的发布时间存在没有完成的部分，发布通常会推迟。开发团队通常不知道需要发布什么功能和他们应该如何工作。每个程序员更专注代码的特定部分。测试人员通过研究需求文档来制订测试计划，然后等待测试工作完成。

整个周期通常很长，可能会持续半年，甚至一年。需求冻结时间较长，存在很多过程和制度，我们必须在进入下一个阶段前完成上一个阶段。应用并不能始终符合客户的期望。

2.　在敏捷团队中工作

敏捷是迭代和增量式的。这意味着测试人员在每个代码增量完成时，都要测试它。一次迭代可能短至一周。团队构建并测试少量的代码，确保它可以正常工作，然后转移到下一个需要构建的部分。开发人员从来不赶在测试人员之前，因为一个功能在被测试之前处于"未完成"的状态。

敏捷团队在工作中密切接触业务，详细了解需求，交注产品的交付价值，可能在优先级较高的功能上投入更多精力。测试人员不能坐在那里等着工作的降临，而要行动起来，在整个开发周期中寻找贡献价值的方式。

1.7 小结

掌握了软件测试行业中最基本的测试概念之后，我们还需要了解软件测试行业未来的发展趋势。关于这一点，我们在本书之外需要查阅更多的资料，阅读行业发展分析报告，加入测试行业相关的社群，与大家一起探讨。

有关软件测试的基本知识，读者可以参考 Ron Patton 的经典著作《软件测试》一书，该书用通俗易懂的语言介绍了软件测试的全貌。

有关敏捷测试的更多知识，读者可以参考 Lisa Crispin 的经典著作《敏捷软件测试：测试人员与敏捷团队的实践指南》一书，该书详细描述了软件测试人员如何在敏捷开发模式下开展与测试相关的工作。

到这里，你已经基本了解了软件测试的概念，下一章介绍软件测试的流程。

第 2 章　撬动软件测试的支点

2.1　软件测试要循序渐进

图 2-1 展示了软件测试的主要工作。

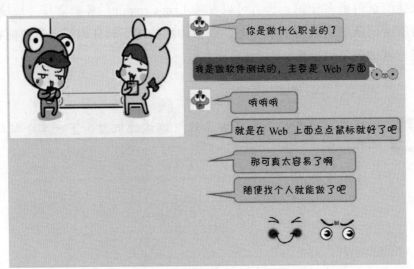

图 2-1　软件测试的主要工作

软件测试工程师到底都需要做些什么呢?

软件测试工程师的工作流程如图 2-2 所示。

图 2-2　软件测试工程师的工作流程

2.2 软件测试要步步为营

软件测试一般分为 5 个阶段，如图 2-3 所示。

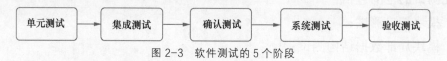

图 2-3 软件测试的 5 个阶段

每一个阶段需要经过的测试流程如图 2-4 所示。

图 2-4 测试流程

2.2.1 单元测试

什么是单元测试？

单元测试是指对软件中的最小可测试单元进行检查和验证。对于单元测试中的单元，一般要根据实际情况判定其具体含义。所以你会看到不同人员对单元测试的不同理解。

一部分测试人员认为，单元测试是软件测试中的基本活动，在单元测试活动中，软件独立单元将在与程序的其他部分相隔离的情况下进行测试。

另一部分测试人员认为单元测试是对软件基本组成单元进行的测试，测试对象是模块。

开发人员认为，单元测试（模块测试）是开发者编写的一小段代码，用于检验被测代码的一个很小的、很明确的功能是否正确。

通常而言，一个单元测试是用于判断某个特定条件（或者场景）下某个特定函数的行为。例如，你可能把一个很大的值放入一个有序列表中，然后确认该值出现在列表的尾部。或者，你可能会从字符串中删除匹配某种模式的字符，然后确认字符串确实不再包含这些字符。

对于任何一项测试工作，都需要制订详细目标。单元测试的主要目标如下。

- 验证信息能否正确地流入/流出。

- 在单元工作过程中，验证其内部数据是否完整。

- 验证为闲置数据加工而设置的边界是否正确。
- 验证测试能否满足特定逻辑覆盖率。
- 在单元测试中发生错误的情况下，验证错误处理是否有效。

单元测试的范围包括：

- 模块接口测试；
- 模块局部数据结构测试；
- 模块边界条件测试；
- 模块中所有执行通路测试；
- 模块的所有错误处理通路测试。

单元测试的过程如下。

（1）在详细设计阶段，制订单元测试计划。

（2）建立单元测试环境，完成测试计划和测试用例开发。

（3）执行单元测试用例。

（4）检查测试用例是否通过。

（5）提交单元测试报告。

单元测试模板如图 2-5 所示。

目　录

1 引言 3
1.1 编写目的 3
1.2 背景 3
1.3 定义 3
1.4 适用范围 3
1.5 安全保密 4
1.6 参考资料 4
2 测试目标 4
2.1 单元测试的主要目标 4
2.2 单元测试目的 4
3 测试范围 4
4 测试工具 5
4.1 CppUnit 5
4.2 C++ test 5
4.3 Visual Unit 5
4.4 AdaTEST与Cantata 6
5 测试内容 6
5.1 单元测试过程 6
5.2 单元测试用例设计（黑盒测试） 6
5.3 测试用例设计（白盒测试） 7
6 测试人员安排 8
7 附则 8
7.1 测试培训 8
7.2 评价准则 8

图 2-5　单元测试模板

2.2.2 集成测试

1. 集成测试的基础知识

集成测试（也叫组装测试、联合测试）是单元测试的逻辑扩展。它最简单的形式是，把两个已经测试过的单元组合成一个组件，并且测试它们之间的接口。从这一层意义上讲，组件是指多个单元的集成、聚合。

集成测试是指将模块按照设计要求组装起来同时进行测试，主要目标是发现与接口有关的问题。如数据通过接口时可能丢失；一个模块与另一个模块可能由于疏忽的问题而互相影响；把子功能组合起来没有实现预期的主功能；个别看起来可以接受的误差可能积累到不能接受的程度；把模块组合起来的过程中数据结构可能有错误等。集成测试是为了确保各单元组合在一起后能够按既定需求协作运行，并确保其他的行为正确。使用黑盒测试方法测试集成的功能，并且对以前的集成进行回归测试。

集成测试的范围是单元间的接口以及集成后的功能。

集成测试的过程如下。

（1）制订集成测试计划。

（2）设计集成测试用例。

（3）实现集成测试。

（4）执行集成测试。

集成测试中每一阶段的输入与输出见表2-1。

表 2-1 集成测试中每一阶段的输入与输出

阶　　段		输　　入	输　　出
制订集成测试计划		软件系统需求规约、软件概要设计说明书、软件系统测试计划	软件集成测试计划
设计集成测试用例		软件系统需求规约、软件概要设计说明书、软件详细设计说明书、软件集成测试计划	软件集成测试方案
实现集成测试用例	更新软件集成测试方案	软件集成测试方案	更新的软件集成测试方案
	编写集成测试用例	软件集成测试方案	软件集成测试用例
	编写集成测试规程	软件集成测试方案、软件集成测试用例	软件集成测试规程
	设计、实现和验证集成测试工具	软件集成测试方案	集成测试工具和相关设计文档，以及使用说明

续表

阶　段	输　入	输　出
设计、实现和验证集成测试代码	软件集成测试方案	集成测试代码和相关设计文档
执行集成测试，进行集成测试记录，填写测试规程	软件集成测试方案、软件集成测试用例、软件集成测试规程	软件集成测试规程（填写测试结果）
撰写集成测试报告，进行案例分析和总结	软件集成测试方案、软件集成测试用例、软件集成测试规程	软件集成测试报告、测试案例分析报告、测试总结
缺陷记录反馈和跟踪解决，进行问题管理	—	缺陷报告以及跟踪和解决记录
评审集成测试报告	软件集成测试报告	软件集成测试报告评审表
集成测试文档及测试代码，使工具基线化	集成测试文档、测试代码、工具	基线化的集成测试文档、测试代码、工具

（注：表格第一列"执行集成测试"为跨行标题，对应后五行）

2. 集成测试策略

集成测试最简单的形式是把两个已经测试过的单元组合成一个组件，测试它们之间的接口。从这一层意义上讲，组件是指多个单元的集成、聚合。在现实方案中，许多单元组合成组件，而这些组件又聚合为程序的更大部分。方法是测试片段的组合，并最终扩展成进程，将模块与其他组的模块一起测试。最后，将构成进程的所有模块一起测试。此外，如果程序由多个进程组成，应该成对测试它们，而不是同时测试所有进程。

集成测试策略主要有三种，分别是大爆炸集成、自顶向下集成（见图 2-6）和自底向上集成（见图 2-7）。大爆炸集成是指把所有的组件一次性集合到被测系统中，不考虑组件之间的依赖性或者可能存在的风险。

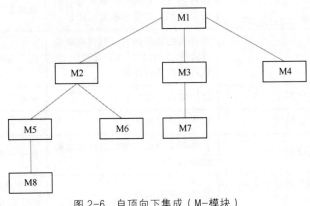

图 2-6　自顶向下集成（M—模块）

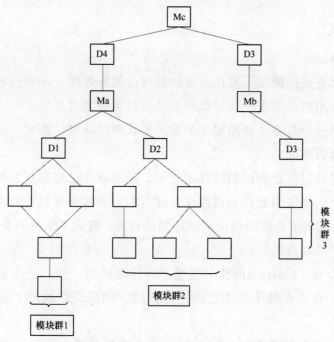

图 2-7 自底向上集成（D 表示驱动模块，M 表示模块）

集成测试模板如图 2-8 所示。

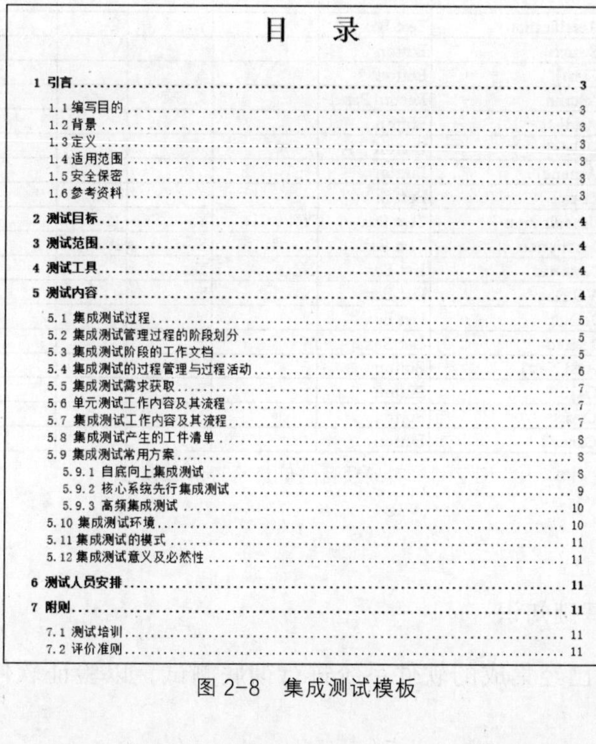

图 2-8 集成测试模板

2.2.3　确认测试

什么是确认测试？

确认测试又称有效性测试，其任务是验证软件的有效性，即验证软件的功能和性能及其他特性是否与用户的要求一致。如果软件经过集成测试且可运行，在配置管理控制下，所有软件代码已经具备了合同规定的软件确认测试环境，测试人员可按照软件需求规约说明书进行确认测试。

确认测试是对通过组合测试的软件进行的，这些软件已经存于系统目标设备的介质上。确认测试的目的是证明软件是可以正常运行的，并且符合软件需求规约中的全部功能和性能要求。确认测试是按照确认测试计划进行的。测试工作由一个独立的组织进行，而且测试要从用户的观点出发。

另外，健康检查（health check）也属于确认测试的一种，它主要检查系统主流程及系统新的改动，在发布每个版本之前进行测试，确保新的改动不会影响系统的正常功能。

实战项目的健康检查清单（health check list）模板见图 2-9。

Function Name	Field Name	Type	Mandatory?	Editable?	Length	Format	Test Result	Remark
Classification								
Search Criteria	Classification	Text Box	N	Y	45		Pass	
	[Search]	Button					Pass	
	[Clear]	Button					Pass	
	Column	Record Panel					Pass	
	[Add]	Button					Pass	
	[Delete]	Button					Pass	
	[Amend]	Button					Pass	
	[Copy]	Button					Pass	
Add Classification	Classification	Text Box	Y	Y	45		Pass	
	Description	Text Box	Y	Y	180		Pass	
	Customer	List Box	N	Y			Pass	
	WO Flag	List Box	N	Y			Pass	
	Default	List Box	N	Y			Pass	
	Deleted	List Box	N	Y			Pass	
	[Add Next]	Button					Pass	
	[Ok]	Button					Pass	
	[Clear]	Button					Fail	
	[Cancel]	Button					Pass	

图 2-9　实战项目的健康检查清单模板

2.2.4　系统测试

1. 系统测试的基础知识

系统测试是指对已经集成的软件系统进行彻底测试，以验证软件系统的正确性和性能等满足指定的要求，检查软件的行为和输出是否正确并非一项简单的任务，它被称为测试的"先知者问题"。

系统测试的目标如下。

- 确保系统测试的活动是按计划进行的。
- 验证软件产品是否与系统需求用例不符合。
- 建立完善的系统测试缺陷记录跟踪库。
- 确保软件系统测试活动及其结果及时通知相关小组和个人。

系统测试的主要范围是什么呢？

系统测试的对象不仅包括需要测试的产品系统的软件，还要包含软件所依赖的硬件、外设，甚至包括某些数据、某些支持的软件及接口等。因此，测试人员必须将系统中的软件与各种依赖的资源结合起来，在系统实际运行环境下进行测试。

2. 系统测试流程

系统测试流程如图 2-10 所示。因为系统测试的目的是验证最终软件系统满足产品需求并且遵循系统设计，所以当产品需求确定且系统设计文档完成之后，系统测试小组就可以提前开始制订测试计划并设计测试用例，而不必等到"实现与测试"阶段结束。这可以提高系统测试的效率。

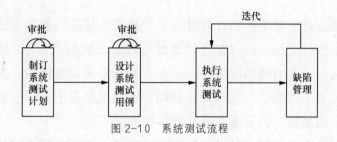

图 2-10 系统测试流程

系统测试过程中发现的所有缺陷必须用统一的缺陷管理工具来管理，开发人员应当及时消除缺陷（改错）。

在制订系统测试计划的过程中，系统测试小组各成员协商测试计划，测试组长按照指定的模板起草系统测试计划。该计划主要包括：

- 测试范围（内容）；
- 测试方法；
- 测试环境与辅助工具；

- 测试完成准则；

- 人员与任务表；

- 项目经理审批系统测试计划。该计划被批准后，才能设计系统测试用例。

在设计系统测试用例的过程中，系统测试小组各成员依据系统测试计划和指定的模板，设计（撰写）系统测试用例；测试组长邀请开发人员和同行专家，对系统测试用例进行技术评审。该测试用例通过技术评审后，才能执行系统测试。

在执行系统测试的过程中，系统测试小组中各成员依据系统测试计划和系统测试用例执行系统测试；将测试结果记录在系统测试报告中，用缺陷管理工具管理所发现的缺陷，并及时通报给开发人员。

在系统测试中，软件的缺陷必须使用指定的缺陷管理工具检测。该工具将记录所有缺陷的状态信息，并自动产生缺陷管理报告。开发人员及时消除已经发现的缺陷。开发人员消除缺陷之后应当马上进行回归测试，以确保不会引入新的缺陷。

3. 系统测试方法

系统测试应该由若干个测试组成，目的是充分运行系统，验证系统各部件是否都能正常工作并完成所赋予的任务。软件系统测试方法很多，主要有功能测试、性能测试、随机测试等。下面简单介绍几种系统测试方法。

1）恢复测试

恢复测试是指通过各种手段，让软件强制性地发生故障，然后验证它是否能恢复正常运行的一种系统测试方法。许多基于计算机的系统必须在一定的时间内从错误中恢复过来，然后继续运行。在有些情况下，一个系统必须是可以容错的。也就是说，运行过程中的错误不能使整个系统的功能都无法使用。在其他情况下，一个系统错误必须在一个特定的时间段之内修复，否则就会造成严重损失。

恢复测试中，首先要采用各种办法强迫系统失败，然后验证系统是否能尽快恢复。对于自动恢复，我们需验证重新初始化（reinitialization）、检查点（checkpoint）、数据恢复（data recovery）和重新启动（restart）等机制的正确性；对于人工干预的恢复系统，我们还需估测平均修复时间，确定其是否在可接受的范围内。

2）安全性测试

安全性测试检查系统对非法入侵的防范能力。安全性测试期间，测试人员假扮非法入侵者，采用各种办法试图突破防线。例如，想方设法截取或破译密码；确定软件破坏系统的保护机制；故意导致系统失败，企图趁恢复之机非法入侵；试图通过浏览非保密数据，推导所需信息等。理论上，只要有足够的时间和资源，没有不可入侵的系统。因此系统安全设计的准则是，使非法侵入的代价超过被保护信息的价值。此时非法侵入者已无利可图。

任何管理敏感信息或者能够对个人造成不正当伤害的计算机系统都是不正当或非法入侵的目标。入侵者包括只是为练习而试图入侵系统的黑客，为了报复而试图攻破系统的雇员，为了得到非法的利益而试图入侵系统的个人。

安全性测试用来验证集成在系统内的保护机制是否能够在实际中防止系统受到非法的入侵。引用 Beizer 的话来说："系统的安全当然必须能够经受住正面的攻击——但是它也必须能够经受住侧面的和背后的攻击。"

3）压力测试

压力测试是在一种需要在反常数量、频率或资源的方式下运行系统的测试。示例如下。

- 在平均每秒出现一个或两个中断的情形下，我们应当对每秒出现 10 个中断的情形进行测试。
- 把输入数据提高一个数量级来测试输入功能的变化。
- 执行需要最多的内存或其他资源的测试用例。
- 运行一个虚拟操作系统中可能会产生大量的磁盘驻留数据的测试用例。

从本质上来说，测试人员想要破坏程序。

压力测试的一个变种是敏感测试。在有些情况下（最常见的是在数学算法中），在有效数据的界限之内，很小范围中的一个数据可能会引起严重的错误，或者引起性能的急剧下降，这种情形和数学函数中的奇点相类似。敏感测试用于发现在有效数据输入里可能会导致系统不稳定或者错误的数据组合。

4）性能测试

对于实时和嵌入式系统，即使软件部分满足功能要求，也未必能够满足性能要求。从单元测试起，虽然每一个测试步骤都包含性能测试，但只有在系统真正集成之后，在真实环境中才能全面、可靠地测试。性能测试有时与强度测试相结合，有时需要其他软硬件的支持。在实时系统和嵌入式系统中，提供符合功能需求但不符合性能需求的软件是不能接受的。性能测试用来测试软件在系统中的性能。性能测试可以发生在各个测试阶段，即使在单元层，一个单独模块的性能也可以使用白盒测试来进行评估。然而，只有当整个系统的所有成分都集成到一起之后，才能检查一个系统真正的性能。

性能测试经常和压力测试一起进行，而且常常需要硬件和软件测试设备。也就是说，常常有必要在一种苛刻的环境中衡量资源的使用（如处理器周期）。外部的测试设备可以监测测试执行，当出现异常情况（如中断）时记录下来。通过对系统的检测，测试人员可以发现效率降低和系统故障的原因。

5）功能测试

功能测试又称正确性测试，它检查软件的功能是否符合规约说明。因为正确性是软件最重要的质量因素，所以其测试也最重要。

基本的方法是构造一些合理输入，检查是否得到期望的输出。这是一种枚举方法。测试人员一定要设法减少枚举的次数，否则测试投入太大。关键在于寻找等价区间，因为在等价区间中，只需用任意值测试一次即可。等价区间的概念可表述如下：

记（A，B）是命题 $f(x)$ 的一个等价区间，在（A，B）中任意取 x_1 进行测试。如果 $f(x_1)$ 错误，那么 $f(x)$ 在（A，B）区间都将出错；如果 $f(x_1)$ 正确，那么 $f(x)$ 在（A，B）区间都将正确。

上述测试方法称为等价测试，来源于人们的直觉与经验，可令测试人员事半功倍。

还有一种有效的测试方法——边界值测试法，即采用定义域或者等价区间的边界值进行测试。因为程序员容易疏忽边界情况，所以程序也"喜欢"在边界值处出错。例如，对于测试平方根函数的一段程序，凭直觉，输入等价区间应是（0，1）和（1，$+\infty$）。可取 $x=0.5$ 以及 $x=2.0$ 进行等价测试，再取 $x=0$ 以及 $x=1$ 进行边界值测试。

有一些复杂的程序，若我们难以凭直觉与经验找到等价区间和边界值，枚举测试就相当有难度。

6）安装/卸载测试

安装测试的基本目标如下。

- 验证安装程序能正确运行。
- 验证程序安装正确。
- 验证程序安装后能正确运行。
- 验证修复性安装后程序能正确运行。

安装测试的注意事项如下。

- 安装手册给的所有步骤得到验证。
- 安装过程中所有默认选项得到验证。
- 安装过程中典型选项得到验证。

- 测试各种不同的安装组合，并验证各种不同组合的正确性，包括参数组合、控件执行顺序组合、产品安装组件组合、产品组件安装顺序组合。
- 对安装过程中异常配置或状态（如断电、数据库终止、网络终止等）进行测试。
- 验证安装后能产生正确的目录结构和文件，文件属性正确。
- 验证安装后动态库正确。
- 验证安装后软件能正确运行。
- 验证安装后没有生成多余的目录结构、文件、注册表信息、快捷方式等。
- 安装测试应该在所有的运行环境（如操作系统、数据库、硬件环境、网络环境等）下进行验证。
- 判断自动安装和手动安装的差异。
- 至少要在一台笔记本计算机上进行安装/卸载测试，因为很多产品在笔记本计算机中会出现问题，尤其是系统级的产品。
- 验证安装后系统是否对其他的应用程序（如操作系统、应用软件等）造成不良影响。

卸载测试关注的内容如下。

- 文件：卸载后，查看安装目录、非安装目录里的文件及文件夹是否存在异常。
- 快捷方式：卸载后，查看"开始"菜单、桌面、任务栏、系统服务列表等中是否还存在快捷方式。
- 复原：卸载后，查看系统能否恢复到软件安装前的状态（包含目录结构、动态库、注册表、系统配置文件、驱动程序和关联情况等）。
- 卸载方式：包括程序自带卸载程序、系统的控件面板卸载、其他自动卸载工具（如优化大师）。
- 卸载状态：包括程序在运行、暂停、终止等状态下的卸载。
- 非正常卸载情况：卸载过程中，取消卸载进程，然后观察软件能否继续正常使用。
- 冲击卸载：在卸载过程中，中断电源，然后启动计算机，重新卸载软件，如果软件无法卸载，则重新安装软件，安装之后再次卸载。
- 卸载环境：在不同的（操作系统、硬件环境、网络环境等）下进行卸载。

系统测试层次见表 2-2。

表 2-2　系统测试层次

系统测试层次	说　　明	完成情况
用户层	面向产品最终操作者的测试。这里重点突出的是在操作者角度，测试系统对用户支持的情况，用户界面的规范性、友好性、可操作性以及数据的安全性。 用户界面测试的关注点如下。 ● 对象控件或访问入口正确，满足用户需求 ● 界面风格是否统一，界面美观、直观 ● 操作友好、人性化 ● 软件易操作 可维护性测试指系统软件、硬件实施和维护功能的方便性。目的是降低维护功能对系统正常运行带来的影响。例如，对支持远程维护系统的功能或工具的测试。 安全性测试的关注点如下。 ● 操作安全性。注意，核实只有具备系统和应用程序访问权限的主角才能访问系统和应用程序；核实主角只能访问其所属用户类型已授权使用的那些功能。 ● 数据安全性。关注数据访问的安全性，防止交易敏感数据被第三方截获、窃取、篡改和伪造。测试内容为数据加密、安全通信、安全存储。 ● 网络安全测试。该层次的测试主要用于防止黑客的恶意攻击和破坏，如病毒，分布式拒绝服务（Distributed Denial of Service，DDoS）攻击等。测试的方式主要是模拟黑客对系统进行攻击，然后对攻击的结果进行分析，并逐步完善系统的安全性能。 ● 安全认证测试。确保交易双方不被其他人冒名顶替。测试内容为安全认证。 ● 安全交易协议测试。有效避免交易双方出现互相抵赖的情况	
应用层	针对产品工程应用或行业应用的测试。站在系统应用的角度，模拟实际应用环境，对系统的兼容性、可靠性和性能等进行测试。 性能测试的关注点如下。 ● 并发性能测试。并发用户操作下，不断增加并发用户数量，分析系统性能指标、资源状况。主要关注点包括交易结果、每分交易数、交易响应时间（服务器最短响应时间、服务器平均响应时间、服务器最长响应时间）。 ● 压力测试。不断对系统施压，通过确定一个系统的瓶颈或者不能接收的性能，获得系统能提供的最大服务级别。 ● 强度测试。在系统极限或异常资源情况下，即系统资源严重不足的状况下，判断软件系统运行情况，确定系统综合交易指标和资源监控指标，保证系统能按规格强度运行。 ● 负载测试。关注各种工作负载情况下的性能指标，测试当负载逐渐增加到超载时，系统组成部分的相应输出，例如通过量、响应时间、CPU负载、内存使用等来确定系统的性能。 ● 疲劳测试。采用系统稳定运行情况下能够支持的最大并发用户数，持续执行一段时间，通过综合分析交易指标和资源监控指标来确定系统在最大工作强度下的性能。	

续表

系统测试层次	说　明	完 成 情 况
应用层	• 大数据量测试。针对某些系统存储、传输、统计和查询等业务，进行大数据量的独立数据量测试。 • 容量测试。确定系统可处理同时在线的最大用户数。 • 破坏性测试。超出系统能承受的压力后，系统出现错误状态；对软件进行异常的操作，如删除配置文件 可靠性测试主要关注系统在负载压力下系统运行是否正常。 稳定性测试关注系统在使用周期内能够在要求的性能指标下正常工作 系统兼容性测试的关注点如下。 • 操作系统兼容性。确保系统能兼容 Windows 7、Windows 10、Windows XP、UNIX 系统、Linux 系统…… • 浏览器兼容性。确保系统能兼容 IE11、Chrome、Firefox、Safari、Edge 等浏览器。 •　测试其他支持软件、平台、文件、数据、接口的兼容性 系统组网测试关注在组网环境下，系统软件对接入设备的支持情况，包括功能实现及群集性能 系统安装、卸载、升级测试涉及安装/卸载、更新（注意以前安装过相同版本）、升级（注意以前安装过较早版本）	
功能层	针对产品具体功能实现的测试。 功能性测试的关注点如下。 • 初验测试。注意系统核心功能、基本业务流程的验证。 • 业务场景测试。模拟用户实际操作的业务场景，遍历主要业务流程和业务规则。 • 业务功能的覆盖。关注需求规约定义的所有功能系统是否都已实现。 • 业务功能的分解。将每个功能分解成测试项。关注每个测试项的测试类型都通过测试。 • 业务功能的组合。相关联的功能项的组合功能都正确实现。 • 业务功能的冲突。业务功能间存在的冲突情况（例如，共享资源访问等）均通过测试。 • 异常处理及容错性。输入异常数据或执行异常操作后，测试系统容错性及错误处理机制的健壮性。	
子系统层	针对产品内部结构性能的测试。关注子系统内部的性能，模块间接口的瓶颈。 • 单个子系统的性能。应用层关注的是整个系统中各种软件、硬件、接口配合情况下的整体性能，这里关注的是单个系统。 • 子系统间的接口瓶颈。例如，子系统间通信请求包的并发瓶颈。 • 子系统间的相互影响。子系统的工作状态变化对其他子系统的影响	
协议/指标层	• 针对系统支持的协议、指标的测试。 • 协议一致性测试。 • 协议互通测试	

系统测试模板如图 2-11 所示。

图 2-11　系统测试模板

2.2.5　验收测试

验收测试也称为交付测试，是产品发布之前的最后一个测试活动。验收测试的目的是确保软件准备就绪，并且最终用户可以使用软件完成指定的任务。

验收测试是软件开发生命周期中的一个阶段。在验收测试中，相关的用户或独立测试人员根据测试计划和结果对系统进行测试与验收。

用户验收测试可以分为两大部分——软件配置审核和可执行程序测试。它按顺序大致可分为文档审核、源代码审核、配置脚本审核、测试程序（或脚本）审核、可执行程序测试。

验收测试的常用策略如下。

- 正式验收测试：一项管理严格的过程，它通常是系统测试的延续。安排和设计这些测试的周密程度和详细程度不亚于系统测试。选择的测试用例应该是系统测试中所执行测试用例的子集。

- α测试（alpha testing）：在一个应用软件即将完成开发时所进行的测试。软件开发公司组织内部人员模拟各类用户对即将面市软件产品（称为 α 版本）进行测试，试图发现错误并修正。

- β测试（beta testing）：开发和测试已基本完成后，为了在正式发布之前寻找缺陷而进行的测试。开发者通常不在测试现场，由最终用户或其他人进行这种测试，而不是由程序员和测试人员来进行。

2.3 软件测试模型

什么是软件测试模型？

软件测试模型是对测试活动的一个抽象表达，明确了测试与开发之间的关系，是测试管理的重要参考依据。常用的软件测试模型有瀑布模型、V 模型、W 模型、H 模型和 X 模型。

2.3.1 瀑布模型

瀑布模型（见图 2-12）是较早出现的软件开发模型，在软件工程中占有重要的地位，它为软件开发提供了基本的框架。在该模型中，以上一项活动的工作对象作为输入，利用这一输入实现该项活动应完成的工具，给出该项活动的工作成果，并作为输出传给下一项活动。同时评审该项活动的实施，若确认，则继续下一项活动；否则，返回前面的活动，甚至更前面的活动。对于经常变化的项目而言，瀑布模型毫无价值。

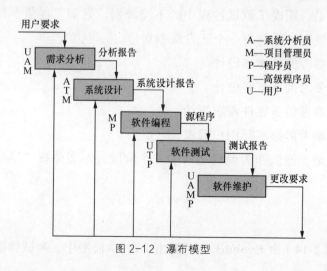

图 2-12 瀑布模型

瀑布模型的优缺点如下。

- 优点：为项目提供了按阶段划分的检查点。当前一阶段完成后，你只需要关注后续阶段，就可在迭代模型中应用瀑布模型。
- 缺点：在项目各个阶段之间极少有反馈，只有在项目快结束时才能看到结果。通过过多的强制完成日期和里程碑，跟踪项目各个阶段。

2.3.2　V 模型

V 模型（见图 2-13）是非常基础的测试模型，由 Paul Rook 在 20 世纪 80 年代后期提出，旨在提升软件开发的效率。该模型从左到右，描述了基本的开发过程和测试行为。测试是开发之后的一个阶段。

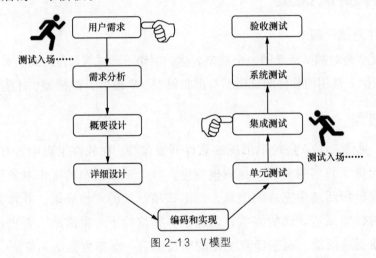

图 2-13　V 模型

V 模型的优点是，明确了测试过程中的不同级别，强调了在整个软件项目开发中需要经历若干个测试级别，并与每一个开发级别对应。

- 单元测试参考的是详细设计。
- 集成测试参考的是概要设计。
- 系统测试参考的是软件需求规约。
- 验收测试参考的是实际用户需求。

V 模型的缺点是，测试作为编码之后的一个阶段，不能体现"尽早地和不断地进行软件测试"的原则。

2.3.3　W 模型

W 模型（见图 2-14）由 Evolutif 公司提出。在 W 模型中，测试伴随着整个软件开发周期，测试对象不仅有程序、需求，还有设计。

W 模型的优缺点如下。

- 优点：测试与开发同步进行，有利于尽早发现问题。
- 缺点：开发仍为一个串行活动，上一阶段完成，开始下一阶段，不支持迭代及变更调整。

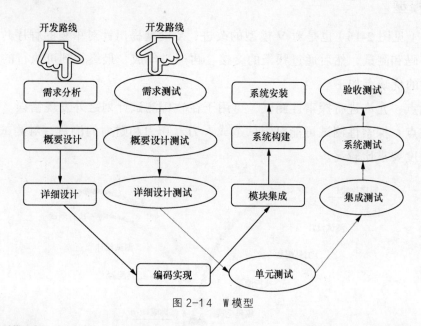

图 2-14 W 模型

2.3.4 H 模型

H 模型（见图 2-15）将测试活动从开发流程中完全独立出来，使测试流程成为一个完全独立的流程，把测试准备活动与执行活动清晰呈现出来。

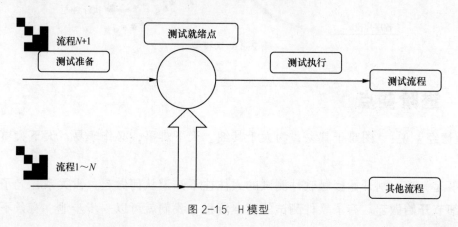

图 2-15 H 模型

H 模型的优缺点如下。

- 优点：软件测试是一个独立流程，贯穿于产品的整个生命周期，与其他流程并发进行，只要测试准备完成，就可以执行测试。
- 缺点：本模型太过模型化，不具备清晰指导意义。

2.3.5　X 模型

X 模型（见图 2-16）也是对 V 模型的改进，X 模型提出针对单独的程序片段进行相互分离的编码和测试，然后通过频繁的交接，再通过集成，最终得到可执行的程序。

X 模型的优缺点如下。

- 优点：允许进行探索性测试，可用于在软件测试计划之外发现错误。
- 缺点：探索性测试可能对测试造成人力、物力和财力的浪费，对测试员的熟练程度要求比较高。

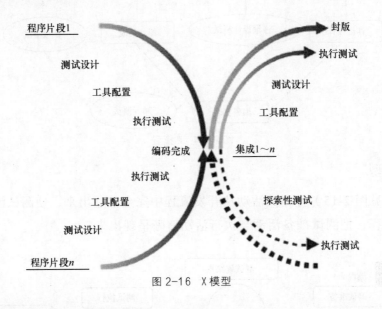

图 2-16　X 模型

2.4　进阶要点

《道德经》说："图难于其易，为大于其细。天下难事，必作于易；天下大事，必作于细。"

万事起头难，刚开始接触软件测试的人往往不知道从何做起，没关系，老子告诉我们，从细节开始做起。有了软件测试的基本流程，我们就可以一步步地、有条不紊地开展软件测试工作。

注意，本章所讲述的软件测试的基本流程以及测试模型并不是每个企业必须遵循的标准过程。因为每个企业有自己的特点以及质量要求，所以它们也会使用不同的测试流程和测试模型。

例如，在敏捷开发模式下，软件测试的活动就需要嵌入每个迭代过程中，而不是成为单独割裂的测试阶段，如图 2-17 所示。

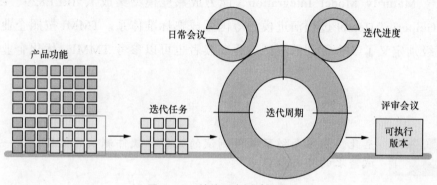

图 2-17　敏捷开发测试流程

2.5　小结

软件测试的基本流程和测试模型，为工作规范化开展提供了指引，因此是软件测试从业者刚开始时必须掌握的基本知识。

在这些模型中，V 模型强调了在整个软件项目开发中需要经历的若干个测试级别，但是它没有明确指出应该对软件的需求和设计进行测试，在这一点上，W 模型实现了补充。但 W 模型和 V 模型一样没有专门针对测试流程进行说明。随着软件测试的不断发展，当第三方测试已经独立出来的时候，H 模型就展现了相应的优势，它使测试独立出来。X 模型又增加了许多不确定因素处理，如项目变更。总之，在实际项目中，我们合理利用这些模型的优点，寻找最适合的测试方案，如在 W 模型下，合理运用 H 模型的思想进行独立测试。

关于标准化的测试过程和测试模型，建议读者了解 ISTQB、TMMI 等标准规范。

ISTQB （International Software Testing Qualifications Board，国际软件测试资质认证委员会）是国际上权威的软件测试资质认证机构，主要负责制定和推广国际通用资质认证框架，即"国际软件测试资质认证委员会认证的软件测试工程师"（ISTQB Certified

Tester）项目。ISTQB 的知识体系中所定义的测试活动流程是公认的规范流程。另外，读者也可以考虑参加 ISTQB 的认证考试来检验自己对软件测试知识体系的掌握程度。

　　TMMI（Test Maturity Model Integration，测试成熟度模型集成）是由 TMMI 基金会开发的一个非商业化的、独立于组织的测试成熟度模型。它是与国际标准一致的、由业务驱动（目标驱动）的。它是测试过程改进的详细模型，借鉴了 TMM（Testing Maturity Model，测试成熟度模型）、CMM（Capability Maturity Model，能力成熟度模型）、CMMI（Capability Maturity Model Integration，能力成熟度模型集成）、IEEE829、ISO9126、ISTQB、Gelperin&Hetzel 过程演进模型等国际成熟标准体系。TMMI 按照企业软件测试的成熟度级别定义了 5 个级别的测试过程，读者也可以参考 TMMI，优化企业或项目的测试流程。

 至此，本书介绍了软件测试的概念和软件测试的流程，下一章讲述测试需求的相关知识。

第3章　深度剖析测试需求

3.1　软件需求的精髓

需求在手，测试无忧。

很多初学者认为，软件测试就是从软件开发团队接过一款阶段性完成的应用程序，安装并打开应用程序后，完成方方面面的测试。然而，事实上，几乎所有的软件测试工作都需要从了解软件需求开始。

软件需求往往要形成统一的规范文档，它不仅是用户和开发人员确定的统一标准，还是软件开发和测试的"指挥棒"。面对一篇篇短则十几页、长则上百页的需求文档，学习起来自然是一件苦差事。但对于软件测试而言，软件需求是双刃剑，如果测试人员明白软件需求，那么测试过程就游刃有余；反之，就会状况百出。所以，不妨先看看软件需求的相关知识。

软件需求通常包含以下 3 方面。

- 用户为解决某个问题或达到某个目标而需要具备的条件或能力。
- 系统或系统组件为符合合同、标准、规范或其他正式文档而必须满足的条件或必须具备的能力。
- 上述第一项或第二项中定义的条件和能力的文档表达。

这个标准的定义很枯燥，通俗地说，软件需求其实就是对软件要实现什么功能的说明，可能是对系统运行方式或系统特征与属性的描述，还可能是对系统开发过程的约束。

软件需求给出了软件要实现的功能或目标，同时以规范合同的形式列出了系统特性和约束，这些细节以软件需求规约的形式记录下来。这些工作都在软件项目开始就着手。因此，软件需求的重要性可见一斑。

通过图 3-1 我们可以了解软件需求背后的小故事……

图 3-1　软件需求之来之不易

3.2　软件需求的分类

需求是一切的出发点。

本节简单介绍软件需求的分类，然后通过模板来介绍软件需求规约的具体形式。

日常工作中，我们通过多种方式（包括会议、邮件、电话交谈，甚至是偶尔聊天）接触到需求的表述。但这些都不能作为我们正式学习软件需求的依据，因为它们都分散无序，或者没经过确认。需求必须被记录成标准文档，并经过各方确认，这一点很重要。当然，软件需求整理分析工作并不属于软件测试员的工作范围，通常情况下由软件需求分析师来处理。但测试人员也要参与其中，并与他们保持良好沟通，方便日后的系统学习与理解。

软件需求经过整理后，大致可以分为三种类型。

- 业务需求表示组织或客户高层次的目标。业务需求通常来自项目投资人、购买产品的客户、实际用户的管理者、市场营销部门或产品策划部门。业务需求描述了组织为什么要开发一个系统，即组织希望达到的目标。

- 用户需求描述的是用户的目标，或用户要求系统完成的任务。用例、场景描述和事件-响应表都是表达用户需求的有效途径。也就是说，用户需求描述了用户能使用系统来做些什么。

- 功能需求规定开发人员必须在产品中实现的软件功能，用户利用这些功能来完成任务，满足业务需求。

这些概念看起来怎么差不多呢？不要紧，我们举例来说明。对于共享单车，大家都比较熟悉。我们通过表 3-1 分析一下共享单车 App 的需求关系。

表 3-1　共享单车 App 的需求关系

需求主体	主体关系	愿景	需求属性
共享单车公司	组织方/建设方	提供一种具有共享便捷性质的交通工具，解决用户出行困难问题，从中获取商业利益	业务需求
共享单车用户	产品用户	使用共享单车，解决"最后一公里"问题	用户需求
共享单车+App	产品	通过大量投放，使用 App 精确定位系统，用户能便捷地开启/停止使用共享单车	功能需求

从上述例子我们可以知道，业务需求和用户需求经过分析转化后，才产生产品的功能需求，并得以满足。

相对于功能需求而言，非功能需求指依据一些条件判断系统运行情形或特性，可以理解成为满足业务需求而需要符合但又不在功能需求之内的"合情合理"特性。非功能性需求体现系统的品质特性，包括系统的稳定性、可易用性、可维护性和可扩展性等。

当各方都拿到了软件需求的最终定稿时，就可以畅想图 3-2 所示的场景了。

图 3-2　使用共享单车解决"最后一公里"问题

图 3-2　使用共享单车解决"最后一公里"问题（续）

3.3　软件需求规约

经过测试的需求才是有效需求。

软件需求分为业务需求、用户需求和功能需求。而对于软件测试来讲，功能需求往往才是软件测试员最终接触到的需求版本。在实际项目中，软件需求规约就是记录了完整的功能需求和非功能需求的文档。

软件需求规约指的是一个软件系统必须提供的功能和性能以及它所要考虑的限制条件，它不仅是系统测试和用户文档的基础，还是所有子系列项目规划、设计和编码的基础。它应该尽可能完整地描述系统预期的外部行为和用户可视化行为。

软件需求规约是一个基础性、指导性的文档，但它不会包括设计、构造、测试或工程管理的细节。而具体的测试细节（如测试计划书）也需要重视。

软件需求规约一般会根据既定的模板编写，有时要根据项目特点进行适当改动。在我们学习软件需求的时候，若先对这些标准化的模板有所了解，对于需求的学习理解就会事半功倍。

软件需求规约模板如图 3-3 所示。

从图 3-3 中我们可以看出软件需求规约的大体结构。其中，正文从"任务概述"开始，到"运行环境规定"结束，分别描述了详细的业务需求、用户需求、功能需求和非功能需求。

"引言"阐明文档编写的目的和背景。"定义"部分一般是行业术语或是针对特定用户的，需要多加注意。另外，参考资料一般是最原始的业务需求。

图 3-3　软件需求规约模板

在"任务概述"中,"目标"部分指明了软件要满足的用户需求。"用户的特点"则列出了软件的最终用户,说明了操作人员、维护人员的教育水平和技术专长,以及软件的预期使用频度。"假定和约束"部分列出进行软件开发工作的假定和约束,例如经费限制、开发期限等。

"运行环境规定"列出了运行软件系统所需要的软硬件环境,和其他软件之间的接口,以及通信协议等。另外,它还包括控制该软件运行的方法和控制信号等。

需求总体上包括功能需求和性能需求两部分。功能需求一般用列表定量和定性地叙述对软件所提出的功能要求,说明输入什么量,经怎样的处理,得到什么输出。个别还会列举出需要支持的外部设备数量和同时操作的用户数。性能需求则列出了软件的输入、输出数据的精度、响应时间、处理时间、数据转换和传送时间等。灵活性一般指明了对软件的可扩展性的要求,包括对不同操作系统的要求、运行环境的变化,以及相对于其他软件接口的异同等。

"输入/输出要求"则解释各输入/输出数据类型,并逐项说明其媒体、格式、数值范围、精度等。数据管理能力是指数据库应该具有的管理能力。

"故障处理要求"则列出可能的软件、硬件故障以及对各项性能指标产生的影响和对故障处理的要求。另外,很多软件项目是使用英语界面来表达的,其中软件需求规约也需要用英语来编写,如图 3-4 所示。

Table of Content

图 3-4　英语实战项目的软件需求规约模板

3.4　了解软件需求的方法

适合自己的方法才是最佳方法。

上一节介绍了软件需求规约，并展示了简单的大纲模板。然而，实际中，大型软件的需求是庞大而复杂的。对应的文档有上百页甚至几百页英语，学习起来别有一番"滋味"在心头！

最困难的时候，往往也是最考验智慧的时候。一套优良的需求学习方法可以帮助我们从这些纷繁复杂的文字中把握主线，化多为少，化繁为简。本节介绍一些总结出来的经验技巧。

首先，了解总体框架和需求总目标。拿到需求文档，首先要看的就是目录。测试人员要对文档内容有整体了解，还要清楚各部分的内容衔接等框架。其次，要快速地阅读需求的总目标，也就是用户开发软件要实现的目标。总目标要谨记于心，因为后面的具体内容会围绕这个目标来展开。很多时候，当具体的功能需求描述不清楚时，结合总目标，我们能更好地理解需求。

接下来，画出系统流程图/关联图。在功能需求的描述中，往往一个模块接着一个模块地列出，但从文档中有时很难弄清模块与模块之间的关联。这个时候我们可以尝试画出系统流程图，帮助我们去理解。所谓系统流程图，就是用图形符号以黑盒形式描绘系统里面的每个部件，表达信息在各个部件之间流动的情况。借助 Office 办公软件，我们可以轻松画出流程图。

接下来，列出各功能点，形成测试需求文档列表，作为编写测试用例的依据。用具体的表格将涉及的功能点都一一提取出来，确保测试用例编写过程中不遗漏测试点。

接下来，记录问题。不清晰、前后不一致或难以理解的地方需再次确认。通常在学习一两次需求文档后，我们仍有不明白的地方，因此我们需要准备一个问题清单，将问题详细列出，以备日后的交流探讨。

另外，软件需求学习会议上，与各方积极沟通交流，提出学习过程中遇到的问题，确保各方理解的一致性与正确性。

当新的需求基于现有系统产生时，除学习软件需求规约文档之外，我们还需要学习、熟悉现有系统和相关的业务文档。

最后，养成边学习边整理业务知识文档的习惯，方便日后学习、更新和培训，如图 3-5 所示。

图 3-5　软件需求文档学习日记

图 3-5　软件需求文档学习日记（续）

3.5　绘制系统流程图

手工也能绘，才叫真的会。

在学习软件需求规约的过程中我们注意到，画出系统流程图，能帮助我们更好地理解整个系统结构及各部分的关系。有时文档可能已经给出了相关的系统流程图，而不需要画出。但作为一名新人，最好要了解系统流程图的绘制方法。

用特定的图形符号加上说明，表示系统的操作控制和数据流的流程图，就是系统流程图。流程图有时也称作输入-输出图，它直观地描述一个工作流程或操作流程的具体步骤。

画出系统流程图有两个关键点。

- 了解流程图中不同形状代表的含义。

- 清楚描述工作流程。

流程中常用的形状如图 3-6 所示。

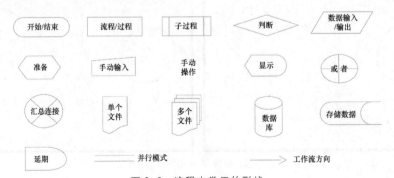

图 3-6　流程中常用的形状

还有一些不太常见的流程图形状，你可自行去了解。

凡事都有先后顺序，用来促进业务发展、满足用户需求的软件系统也一样。首先，了解用户操作和数据的起始位置，也就是流程的开始，通过不同的判断逻辑形成不同的数据操作，就有了工作流程的各项分支。注意中间是否有重复循环的过程。

在各项工作流程的末端，根据数据流动是否结束或流出系统外，判断流程是否结束。

我们以图书馆借还图书系统为例绘制一幅流程图，如图 3-7 所示。

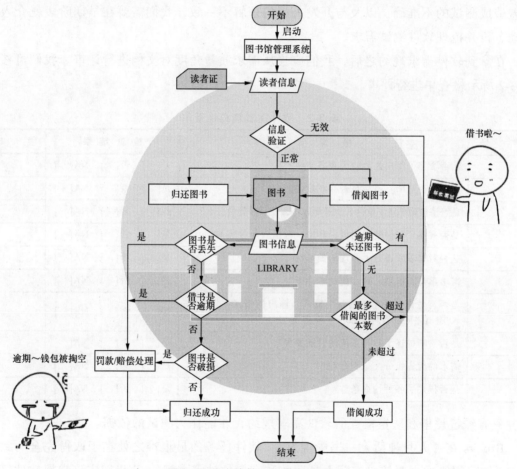

图 3-7　图书馆借还图书系统流程图

从开始到结束的流程中，注意各输入/输出数据的状态变化，不同状态代表不同的流程。

逻辑判断或动作执行结果包括"是与否"，代表相反的流程分支。

删除过程中的某些环节，可以节省成本。如借书/还书过程中的图书录入往往使用同一个设施。

思考是否可以使用更有效的方式构造流程。

3.6　进阶要点

温伯格在《探索需求：设计前的质量》一书指出，"不管是蟑螂还是需求，难点在于抓住它们并使其立正。"

真正的软件需求不容易捕获，不容易理解。为了避免后续测试过程中对需求的理解偏差造成测试的不准确，以及与开发人员的理解不一致，我们需要在早期阶段就介入，主动分析并梳理软件测试需求。

在拿到软件需求规约之后，我们应当从需求质量角度对文档进行评审。我们可参考表 3-2 所示检查单进行评审。

表 3-2　软件需求规约检查单

序　号	检　查　项	检　查　结　果			说　明
1	是否覆盖了用户提出的所有需求项？	是[　]	否[　]	NA[　]	
2	用词是否清晰？语义是否存在歧义？	是[　]	否[　]	NA[　]	
3	是否清楚地描述了软件系统需要做什么及不需要做什么？	是[　]	否[　]	NA[　]	
4	是否描述了软件使用的目标环境，包括软硬件环境？	是[　]	否[　]	NA[　]	
5	是否对需求项进行了合理的编号？	是[　]	否[　]	NA[　]	
6	需求项是否前后一致、彼此不冲突？	是[　]	否[　]	NA[　]	
7	是否清楚说明了系统的每个输入、输出的格式，以及输入/输出之间的对应关系？	是[　]	否[　]	NA[　]	
8	是否清晰描述了软件系统的性能要求？	是[　]	否[　]	NA[　]	
9	需求的优先级分配是否合理？	是[　]	否[　]	NA[　]	
10	是否描述了各种约束条件？	是[　]	否[　]	NA[　]	

只有经过评审和质量检查的软件需求规约，才能作为测试的依据。

Brooks 在《人月神话》一书中说道："软件任务的最艰难之处在于取得完全一致的规约，构建程序的主要核心实际上是调整和完善软件需求规约。"我们应该掌握软件需求文档的阅读分析和梳理能力，甚至能进一步地对需求进行加工、梳理和完善。

关于需求表达模式，建议初学者参考《软件需求模式》这本书，该书描述了 37 个真实的、可重用的模式，为编写软件需求提供了具体的框架。每一种模式详细描述了需要包括哪些信息，指出了常见缺陷，给出了需要考虑的额外需求。无论使用传统的分析方法或敏捷方法，都可以学习如何使用需求的模式，从而为成功的软件开发编写一致的、有效的需求。这本书提供了模板和实例，可帮助我们了解软件需求，进一步确定需求。

另外，我们需要进一步了解在敏捷模式下的需求管理有哪些区别。敏捷开发十二原则中关于需求的描述有以下几条。

- 我们的首要目标是通过更早地持续交付有价值的软件来满足客户的需求。
- 欢迎需求变更，即使在项目开发的晚期也欢迎。敏捷过程适应变化的特性使得客户在竞争中更具优势。
- 业务人员和开发人员必须在项目开发过程中协同工作。
- 面对面的交谈是项目组内及组间有效和高效的信息传输方式。
- 最好的架构、最好的需求和设计从有自我组织能力的团队中产生。

敏捷在于以各种方法积极解决需求问题，其中最重要的方法就是"用户故事"。以故事为单位管理需求，通过故事卡片和故事墙等敏捷实践来管理需求和开发过程，提高开发效率，减少文档数量，使项目更加可控。这些方法可以促进技术人员和非技术人员的沟通，使管理者一目了然地了解项目的进展。

关于敏捷模式下的需求，建议读者参考《敏捷软件需求：团队、项目群与企业级的精益需求实践》一书，这本书描述了一个敏捷需求过程模型，敏捷项目团队可以使用这个模型来管理需求。另外，Mike Cohn 关于用户故事的经典著作《用户故事与敏捷方法》详细介绍了用户故事与敏捷开发方法的结合，诠释了用户故事的重要价值，用户故事的实践过程，良好用户故事的编写准则，如何收集和整理用户故事，如何排列用户故事的优先级，进而澄清真正适合用户需求的、有价值的功能需求。

3.7　小结

本章说明了软件需求对软件测试的重要性，初学者需要掌握理解和梳理软件需求的技能。

Karl Wiegers 和 Joy Beatty 的《软件需求》一书是业务分析和软件需求领域的经典著作，推荐读者阅读学习。另外，Joy Beatty 和 Anthony Chen 的《软件需求与可视化模型》一书介绍了 22 个可视化需求模型，指导读者通过软件需求的视觉化模型来进一步明确需求，促进开发人员、测试人员对需求的理解。

至此，本书介绍了软件测试的概念、软件测试流程、软件需求，下一章讲述测试计划及如何设计测试用例。

第 4 章　测试用例

4.1　测试计划

测试计划是指描述要进行的测试活动的范围、方法、资源和进度的文档。它主要包括测试项、被测特性、测试任务、测试人员和风险控制等。

测试方案是指描述需要测试的特性、测试的方法、测试环境的规划、测试工具的选择、测试用例的设计、测试代码的设计的方案。

总之，测试计划提出"做什么"，测试方案明确"如何做"。这两个文档通常由测试主管或者有经验的测试工程师编写。

4.2　测试用例的样貌

4.2.1　测试用例概述

在完成需求分析之后，跳过测试计划，软件测试工作进入下一个阶段——编写测试用例，这是重中之重。这里我们讲的是黑盒测试的测试用例。

测试用例是为实现某个特殊目标而编制的一组测试输入、执行条件与预期结果，它用于测试某条路径是否满足某个特定需求。通俗地讲，测试用例就是把测试系统的操作步骤按照一定的格式用文字描述出来。

表 4-1 列出了测试用例的主要内容——版本号、模块名称、用例编号、用例标题、优先级、前置条件、输入数据、执行步骤、期望结果、测试结果、Bug 编号、测试时间、测试人员和备注等。

测试用例的管理有两种形式。

- 使用文档，如 Word、Excel 等。
- 使用工具，如 TestLink、CQ、TestDirector 和 TestManager 等。

表 4-1　测试用例的主要内容

条目	说明
版本号	当前测试所使用的软件的版本号
模块名称	当前测试所使用的软件模块的名称
用例编号	唯一标识，测试用例的编号有一定的规则，格式是项目名称 - 测试阶段类型（系统测试阶段）-编号，比如，系统测试用例的编号为 PROJECT1-ST-001
用例标题	简短描述测试用例的用途
优先级	可以粗略地分为 4 个不同的等级，Level 1 表示基本，Level 2 表示重要，Level 3 表示一般，Level 4 表示生僻
前置条件	执行该动作需要满足的前提条件
输入数据	执行该动作需要输入的数据，有时不需要输入任何数据
执行步骤	执行该动作需要完成的操作
期望结果	执行该动作后程序的期望结果
测试结果	执行该动作后实际输出的结果，测试结果是在执行测试时填入的
Bug 编号	填写缺陷管理系统中的 Bug 编号，Bug 编号是在执行测试时填入的
测试时间	执行测试的时间，测试时间是在执行测试时填入的
测试人员	执行测试的人员，测试人员是在执行测试时填入的
备注	对未执行或不能执行的用例进行说明

表 4-2 展示了某项目的测试用例 Word 模板。

表 4-2　某项目的测试用例 Word 模板

版本号	V1.0.0		模块名称	用户登录
用例编号	用户登录_001		优先级	重要
用例标题	已经注册成功的用户，可以登录系统			
前置条件	用户已经注册成功，并进入登录页面			
输入数据	● 　用户名：包含 20 个英文字符。 ● 　密码：包含 8 个英文字符			
执行步骤	（1）输入用户名。 （2）输入密码。 （3）单击"登录"按钮			
期望结果	进入系统主页面			
实际结果				
测试人员			测试时间	
Bug 编号			备注	

表 4-3 展示了某项目的测试用例 Excel 模板。

表 4-3　某项目的测试用例 Excel 模板

Project Name	CUS					Tester	Executed Case	Created Case	Active Case	Cancel Case		
Version	1.1											
Function	Company Maintenance											
Function	The function is to create customer and customer key profile information for users.											
Test Object												
Pre-Condition	Function Path: Cust Maintenance -> Create Company											
Reference	UR02_CUS_3.1_FRS_20120420_CR1_2.5_v13(signoff).d				Special Remarks							
Business Rule	Count from Function Requirement, 1st level bullet only											
									Cycle 1			
Test Case ID	Business Rule	Test Scenario	Test Case	Expected Result		Status	Created By	Created Date	P-Pass F-Fail	Tested By	Tested Date	Bug ID	Remarks
Company Maintenance---Create Company												
CUS_CCM05_001	Screen Layout	Create Company on CM05	Click the menu---[Create Company] of the [Cust Maintenance]	It will go to the page---Company Maintenance (CM05)		Active						
CUS_CCM05_002			Click the button---[Create Company] on the page	It will go to the page---Company Maintenance (CM05)		Active						
CUS_CCM05		Display the title		It will display Company Maintenance		Active						
CUS_CCM05		Display the field Text		The name of these field is correct		Active						
CUS_CCM05				All font, size of field name should be		Active						
CUS_CCM05				The alignment of field and text box		Active						
CUS_CCM05_007				The distance between text box and field name should be unified		Active						

Data Usage　Logic　Create Company　Company Maintenance　+

4.2.2　测试用例非同小可

在编写测试用例时，不擅长写文档的读者就犯愁了，心想："我可以不写测试用例吗？"

答案是不可以！

如果你的大脑像卷福（见图 4-1，英剧《神探夏洛克》中的福尔摩斯）一样强大，可以快速梳理所有需要测试的功能点，保证没有遗漏，那么你是不用写测试用例的；如果你没有卷福那样强大的大脑，测试用例是一定要写的！

虽然编写测试用例要花费一些精力，但是它的好处很多。若编写一份优秀的测试用例，测试工作就会事半功倍。编写测试用例的好处如下。

图 4-1　卷福（图片来源于网络）

- 理清思路，避免遗漏：这是最重要的一点，避免遗漏掉要测试的功能点。假如测试的项目大而复杂，那么最好把项目功能细分，针对每一个功能编写测试用例，以此来整理测试系统的思路。

- 跟踪测试进度：通过编写测试用例，执行测试用例，掌控测试进度。
- 作为参考：项目中，通常很多功能是相同或相近的。这类功能的测试用例可作为以后类似功能的测试用例的参考。
- 重复利用：测试一个系统不是一蹴而就的，需要多人反复进行测试，测试用例可以规范和指导测试行为。
- 体现工作成果：测试用例就是最好的凭证。

4.2.3 设计测试用例要考虑的关键因素

为什么要考虑关键因素？因为设计测试用例不能穷举所有的测试场景和组合，在设计时要抓住测试的重点或关键点，以点带面展开测试用例的设计。主要考虑因素如下。

- 需求目标：包括功能性和非功能性需求目标。功能性目标比较清晰，一目了然。对于非功能性目标，需要从不同的方面进行比较。
- 用户的真实使用场景：要从用户角度来模拟程序输入，需要了解用户的操作习惯，使产品更符合用户的需求。
- 软件相关文档：软件需求规约、设计文档等是设计用例的主要参考文档，这些文档的详细程度会影响测试用例的设计。
- 测试方法的选用：在设计测试用例时，白盒测试方法和黑盒测试方法从不同的角度来考虑问题，白盒测试方法偏重内部逻辑思路，黑盒测试方法偏重外部功能。
- 测试对象：判断系统是 B-S 架构还是 C-S 架构，其测试重点和测试覆盖面是不同的。例如，B-S 架构重点关注网络安全性，C-S 架构重点关注系统权限、安装及登录控制。
- 软件实现的技术：不同技术采用的测试工具不同。例如，C 语言是面向过程的，用 C 语言编写的程序注重主流程和异常流程测试；Java 语言是面向对象的，用 Java 语言编写的程序侧重逐个测试被测对象。
- 其他：设计测试用例时要寻求系统及功能测试的缺点，要设计正面、负面及异常测试用例等。

4.3 测试用例设计方法

从理论上讲，黑盒测试方法只有穷举输入，把所有可能的输入都作为测试情况考虑，才能查出程序中所有的错误。实际上，这种完全测试是不可能的，所以我们要进行有针对性的测试，通过编写测试用例，指导测试的实施，保证软件测试有组织、按步骤、有计划地进行。

黑盒测试用例设计方法包括等价类划分法、边界值分析法、错误推测法、场景法、因果图法、判定表法等，如图 4-2 所示。

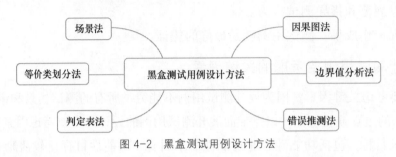

图 4-2　黑盒测试用例设计方法

4.3.1　等价类划分法

等价类划分法是指把所有可能输入的数据，即程序的输入域划分为若干部分（子集），然后从每一个子集中选取少数具有代表性的数据作为测试用例。通俗地讲，该方法从每一类中选取一条数据，代表这一类输入数据。

等价类是某个输入域的子集合。在该子集合中，各个输入数据对于揭示程序中的错误都是等效的，并合理地假定测试某等价类的代表值就等价于对这一类中其他值的测试，因此，把全部输入数据合理划分为若干等价类，在每一个等价类中取一个数据作为测试的输入条件，就可以用少量代表性的测试数据取得较好的测试结果。等价类可分为两种不同的情况——有效等价类和无效等价类（见表 4-4）。

表 4-4　等价类的划分

有效等价类	参照程序规约说明，由有意义的、合理的输入数据构成的集合。主要用于检验程序是否实现了规约说明书中所规定的功能和性能。
	注意，这是一个集合，一个大集合。
	例如，考试后查询成绩（满分 100 分）时，输入的成绩中，0～100 的数字都属于有效的输入，而 0 以下或者 100 以上的数字则属于无效输入，你见过–1 分的成绩吗？
无效等价类	参照程序规约说明，由不合理的或无意义的输入数据所构成的集合。主要用于检验程序的健壮性和可靠性。
	注意，这也是一个集合，一个大集合。
	有时候需要结合实际情况区分等价类的划分是否合理，如输入 2017 年 2 月 29 日就是无效的，为什么？日历上有这一天吗？

等价类划分法的作用如图 4-3 所示。等价类划分法的解读如图 4-4 所示。

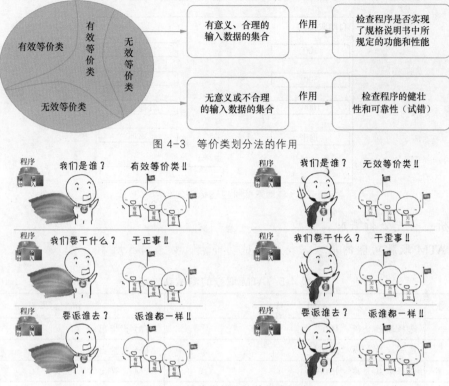

图 4-3　等价类划分法的作用

图 4-4　等价类划分法的趣味解读

圉 小知识：程序规约

程序规约也称软件规约，是软件领域的特定技术用语。程序规约必须用特定的语言书写，可以把软件规约说明看成一个具有概述、图示、例子等视角的信息库。它既是用户和开发者之间的一份协议，又是指导软件开发、测试和维护的依据。它包括功能规约、性能规约、接口规约和设计规约等。

【案例 4-1】测试 ATM 取款功能

插入银联卡并输入密码之后，单击"取款"按钮，进入选择取款金额的界面（见图 4-5）。

在选择取款金额时，有以下注意事项。

（1）可选择取款金额包括 100、500、1000、2000、5000 和其他金额。

（2）单笔最大取款金额为 5000。

（3）单日最多可提取现金 20000。

（4）取款金额需是 100 的倍数。

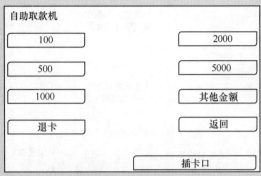

图 4-5　自助取款机中选择取款金额的界面

解析： 首先分析需求。

由 ATM 取款功能的需求，得出测试功能点，如表 4-5 所示。

表 4-5　ATM 取款的测试功能点

编　号	操　　作	结　　果
1	选择取款金额 "100"	ATM 直接出钞
2	选择取款金额 "500"	ATM 直接出钞
3	选择取款金额 "1000"	ATM 直接出钞
4	选择取款金额 "2000"	ATM 直接出钞
5	选择取款金额 "5000"	ATM 直接出钞
6	选择 "其他金额"，输入的金额大于 5000	单笔取款金额不可超过 5000
7	选择 "其他金额"，输入的金额不是 100 的倍数	提示：取款金额需是 100 的倍数
8	单日取款总金额大于 20000	提示：单日取款金额不可超过 20000
9	取款金额超过卡里余额	提示：余额不足

可输入的金额有千万种，如果我们对每个金额都测一遍，恐怕要花很长时间才能用上 ATM。所以，我们将可输入的金额划分几个等价类，只要测每种等价类中的一个数值即可。如表 4-6 所示，把取款的功能点细分为有效等价类和无效等价类。

表 4-6　ATM 取款功能的有效等价类和无效等价类

编　号	有效等价类	无效等价类
1	选择取款金额 "100"	无
2	选择取款金额 "500"	无
3	选择取款金额 "1000"	无
4	选择取款金额 "2000"	无

续表

编　号	有效等价类	无效等价类
5	选择取款金额"5000"	无
6	选择"其他金额"，输入的金额小于 5000，并且是 100 的倍数	● 选择"其他金额"，输入的金额小于 5000，但不是 100 的倍数。 ● 选择"其他金额"，输入的金额大于 5000，且是 100 的倍数
7	单日取款金额小于或等于 20000	单日取款金额大于 20000
8	卡里余额不足	无

　　不过，能够测试此项功能的前提是 ATM 里的钱足够，已经输入正确的密码并且进入选择取款金额的界面。否则，ATM 也无能为力。

　　根据软件测试流程，接下来，要制订测试计划。由于测试计划通常由测试主管或者高级测试工程师编写，初级测试工程师暂时不会涉及此项工作，因此这里暂时不详解。

　　然后，把得出的有效等价类转化成测试用例，如表 4-7 所示。

表 4-7　ATM 取款的有效等价类测试用例

版本号	V1.0			模块名称		取款				
前置条件	已经成功进入选择取款金额的界面，卡里余额为 10000									
用例编号	用例名称	用例级别	输入数据	执行步骤	期望结果	测试结果	测试时间	测试人员	备注
ATM-ST-001	测试取款	高	100	选择取款金额"100"	ATM 直接出钞				
ATM-ST-002	测试取款	高	500	选择取款金额"500"	ATM 直接出钞				
ATM-ST-003	测试取款	高	1000	选择取款金额"1000"	ATM 直接出钞				
ATM-ST-004	测试取款	高	2000	选择取款金额"2000"	ATM 直接出钞				
ATM-ST-005	测试取款	高	5000	选择取款金额"5000"	ATM 直接出钞				
ATM-ST-006	测试取款	高	300	选择"其他金额"，输入金额小于 5000，且是 100 的倍数	ATM 直接出钞				
ATM-ST-007	测试取款	高	3000	单日取款金额小于或等于 20000	ATM 直接出钞				
ATM-ST-008	测试取款	高	11000	单日共取 11000 元	提示：余额不足				

　　接下来，再把无效等价类转化成测试用例，如表 4-8 所示。

表 4-8　ATM 取款功能的无效等价类测试用例

版本号			V1.0				模块名称			取款	
前置条件			已经成功进入选择取款金额的界面，卡里余额充足								
用例编号	用例名称	用例级别	输入数据	执行步骤	期望结果		测试结果	测试时间	测试人员	备注	
ATM-ST-009	测试取款	高	501	选择"其他金额"，输入金额不是 100 的倍数	提示：取款金额需是 100 的倍数						
ATM-ST-010	测试取款	高	5100	选择"其他金额"，输入金额大于 5000	提示：单笔取款金额不可超过 5000						
ATM-ST-011	测试取款	高	21000	单日共取款 21000	提示：单日取款总金额不可超过 20000						

【案例 4-2】测试《阴阳师》的妖伞结界（用等价类划分法）

要求斗技时间：11:00～13:00，20:00～22:00

如图 4-6 所示，手机游戏《阴阳师》有斗技的时间与限制，我们该如何用等价类划分法编写测试用例呢？

图 4-6　《阴阳师》游戏界面（图片来源于手机游戏《阴阳师》）

表 4-9 展示了不使用等价类划分法设计的不完整版测试用例。

表 4-9　《阴阳师》的不完整版测试用例

编　　号	测试用例描述	期　望　结　果
1	12:00 单击"战"按钮	显示妖伞结界
2	21:00 单击"战"按钮	显示妖伞结界

解析：这里只测试了测试点中"正常的时间点"，并没有测试测试点中"非正常的时间点"。

首先，按等价类划分法，划分有效等价类和无效等价类测试点，如表4-10所示。

表4-10 《阴阳师》的有效等价类和无效等价类测试点

等价类类型	输入域子集	代 表 值	等价类编号
有效等价类	11:00 ~ 13:00	12:00	1
	20:00 ~ 22:00	21:00	2
无效等价类	00:00 ~ 10:59	10:00	3
	13:01 ~ 19:59	14:00	4
	22:01 ~ 23:59	23:00	5

然后，把不完整的测试用例转换成表4-11所示完整版等价类测试用例。

表4-11 完整版等价类测试用例

编 号	测试用例描述	等价类编号	期 望 结 果
1	12:00 单击"战"按钮	1	显示妖伞结界
2	21:00 单击"战"按钮	2	显示妖伞结界
3	10:00 单击"战"按钮	3	显示妖伞结界
4	14:00 单击"战"按钮	4	显示妖伞结界
5	23:00 单击"战"按钮	5	显示妖伞结界

【案例4-3】测试《王者荣耀》的"每日任务"界面

勇往直前：玩家完成30次击败或助攻，可以领取50点经验值，5点活跃度。

图4-7是手机游戏《王者荣耀》的"每日任务"界面，我们要怎么分析和编写《王者荣耀》的测试用例？

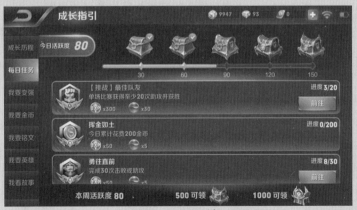

图4-7 《王者荣耀》的"每日任务"界面（图片来源于手机游戏《王者荣耀》）

表 4-12 展示了不完整版等价类测试用例。

表 4-12 不完整版等价类测试用例

编号	测试用例描述	期 望 结 果
1	完成 10 次击败，20 次助攻	玩家可以领取奖励
2	完成 20 次击败，20 次助攻	玩家可以领取奖励
3	完成 10 次击败，10 次助攻	玩家不可以领取奖励

解析： 这里只测试了测试点中的"30 次"，并没有测试测试点中的"击败或助攻"。

为了设计完整的测试用例，首先，按照等价类划分法，划分需要测试的功能点，如表 4-13 所示。

表 4-13 划分需要测试的功能点

等价类类型	输入域子集	等价类编号
有效等价类	30 次击败	1
	30 次助攻	2
	完成 10 次击败，20 次助攻	3
	完成 20 次击败，20 次助攻	4
无效等价类	完成 20 次击败	5
	完成 20 次助攻	6
	完成 10 次击败，10 次助攻	7

然后，把功能点转换成完整版测试用例，如表 4-14 所示。

表 4-14 《王者荣耀》的完整版等价类测试用例

编 号	测试用例描述	等价类编号	期 望 结 果
1	30 次击败	1	玩家可以领取奖励
2	30 次助攻	2	玩家可以领取奖励
3	完成 10 次击败，20 次助攻	3	玩家可以领取奖励
4	完成 20 次击败，20 次助攻	4	玩家可以领取奖励
5	完成 20 次击败	5	玩家不可以领取奖励
6	完成 20 次助攻	6	玩家不可以领取奖励
7	完成 10 次击败，10 次助攻	7	玩家不可以领取奖励

4.3.2 边界值分析法

边界值分析法就是对输入或输出的边界值进行测试的一种方法。通常边界值分析法是对等价类划分法的补充，这种情况下，其测试用例来自等价类的边界。我们通过电梯里的边界值（见图 4-8）来了解一下生活中的边界值。

图 4-8　电梯里的边界值

【案例 4-4】ATM 取款功能

如果单日最多可提取现金为 20000 元，并且只能输入 100 的倍数，那么它的边界值就是 19900、20000、20100。如果单笔最大取款金额为 5000，那么它的边界值就是 4900、5000、5100。

解析：用边界值分析法，得出的测试用例如表 4-15 所示。

表 4-15　ATM 取款功能的测试用例

版本号	V1.0					模块名称		取款			
前置条件	已经成功进入选择取款金额页面，卡里余额充足										
用例编号	用例名称	用例级别	输入数据	执行步骤		期望结果		测试结果	测试时间	测试人员	备注
ATM-ST-012	测试取款	高	19900	单日共取款 19900 元		ATM 直接出钞					
ATM-ST-013	测试取款	高	20000	单日共取款 20000 元		ATM 直接出钞					
ATM-ST-014	测试取款	高	20100	单日共取款 20100 元		提示：单日取款总金额不可超过 20000 元					
ATM-ST-015	测试取款	高	4900	选择其他金额，输入金额 "4900"		ATM 直接出钞					
ATM-ST-016	测试取款	高	5000	选择取款金额 "5000"		ATM 直接出钞					
ATM-ST-017	测试取款	高	5100	选择其他金额，输入金额 "5100"		提示：单笔取款金额不可超过 5000 元					

【案例 4-5】测试建设银行的个人网上银行登录

若密码输错 3 次，密码将被锁定（见图 4-9）。

图 4-9　密码被锁定

解析：表 4-16 展示了针对错误密码的不完整版测试用例。

表 4-16　针对错误密码的不完整版测试用例

编　号	测试用例描述	期　望　结　果
1	连续 3 次输错登录密码	提示密码已锁定

解析： 这里只测试了测试点中的"输错 3 次"，没有考虑到当日连续输错，不连续输错，两日连续输错 3 次，两日不连续输错 3 次这几种场景。

为了得到完整的测试用例，我们需要确定有效边界值和无效边界值，如表 4-17 所示。

表 4-17　输入错误密码的边界值

边界值类型	边 界 值
有效边界值	当日 24 小时内输错 3 次
无效边界值	两日 24 小时内输错 3 次

分析完成后，创建测试用例，如表 4-18 所示。

表 4-18　输入错误密码的完整版边界值测试用例

编　号	测试用例描述	期　望　结果
1	当日连续输错 3 次	最后一次提示密码已锁定
2	当日累计输错 3 次	最后一次提示密码已锁定
3	第一日连续输错两次，24 小时内第二日第三次输错	提示今日再输错两次，密码将锁定
4	第一日连续输错两次，24 小时内第二日第一次输对，第二次输错	提示今日再输错两次，密码将锁定

【案例 4-6】 测试《阴阳师》的妖伞结界（对比使用与不使用边界值分析法的效果）

要求斗技时间：11:00～13:00，20:00～22:00

表 4-19 展示了不使用边界值分析法的不完整版测试用例。

表 4-19　《阴阳师》不完整版边界值测试用例

编　号	测试用例描述	期　望　结果
1	11:00 单击"战"按钮	显示进入妖伞结界
2	13:00 单击"战"按钮	显示进入妖伞结界
3	20:00 单击"战"按钮	显示进入妖伞结界
4	22:00 单击"战"按钮	显示进入妖伞结界

解析： 这里只测试了测试点中"正常的时间边界值"，并没有测试测试点中"非正常的时间边界值"。

为了得到完整的测试用例，首先，使用边界值分析法分析测试点，如表 4-20 所示。

表 4-20　使用边界值方法分析测试点

边界值类型	边　界　值
有效边界值	11:00
	11:01
	12:59
	13:00
	20:00
	20:01
	21:59
	22:00
无效边界值	10:59
	13:01
	19:59
	22:01

分析完成后，我们即可得到表 4-21 所示的完整版边界值测试用例。

表 4-21　《阴阳师》完整版边界值测试用例

编　号	测试用例描述	期　望　结　果
1	11:00 单击"战"按钮	显示妖伞结界
2	11:01 单击"战"按钮	显示妖伞结界
3	12:59 单击"战"按钮	显示妖伞结界
4	13:00 单击"战"按钮	显示妖伞结界
5	20:00 单击"战"按钮	显示妖伞结界
6	20:01 单击"战"按钮	显示妖伞结界
7	21:59 单击"战"按钮	显示妖伞结界
8	22:00 单击"战"按钮	显示妖伞结界
9	10:59 单击"战"按钮	显示妖伞结界
10	13:01 单击"战"按钮	显示妖伞结界
11	19:59 单击"战"按钮	显示妖伞结界
12	22:01 单击"战"按钮	显示妖伞结界

【案例 4-7】测试《王者荣耀》的每日任务（对比使用与不使用边界值分析法的效果）

勇往直前：玩家完成 30 次击败或助攻，就可以领取 50 点经验值，5 点活跃度。

表 4-22 展示了不使用边界值方法设计的不完整版测试用例。

表 4-22 《王者荣耀》不完整版边界值测试用例

编　号	测试用例描述	期望结果
1	29 次击败或助攻	玩家不可以领取奖励
2	30 次击败或助攻	玩家可以领取奖励
3	31 次击败或助攻	玩家可以领取奖励

解析：这里只测试了测试点中的"30 次"，并没有测试测试点中的"击败或助攻"。为了得到完整的测试用例，首先，使用边界值分析法分析边界值，如表 4-23 所示。

表 4-23 《王者荣耀》的边界值

边界值类型	边　界　值
有效边界值	30 次击败
	30 次助攻
	31 次击败
	31 次助攻
	15 次击败，15 次助攻
	15 次击败，16 次助攻
无效边界值	29 次击败
	29 次助攻
	15 次击败，14 次助攻

分析完成后，得到完整版边界值测试用例，如表 4-24 所示。

表 4-24 《王者荣耀》的完整版边界值测试用例

编　号	测试用例描述	期望结果
1	30 次击败	玩家可以领取奖励
2	30 次助攻	玩家可以领取奖励
3	31 次击败	玩家可以领取奖励
4	31 次助攻	玩家可以领取奖励
5	15 次击败，15 次助攻	玩家可以领取奖励
6	15 次击败，16 次助攻	玩家可以领取奖励
7	29 次击败	玩家不可以领取奖励
8	29 次助攻	玩家不可以领取奖励
9	15 次击败，14 次助攻	玩家不可以领取奖励

4.3.3　错误推测法

错误推测法是基于经验和直觉推测程序中所有可能存在的各种错误，从而有针对性地设计测试用例的方法。经验丰富的测试员往往可以高效检测错误。

通常，用错误推测法检测程序中易出错的情况。比如，对于日期，要考虑平年、闰年，平年的 2 月、闰年的 2 月等。

使用错误推测法的前提如下。

- 非常熟悉被测程序的业务和需求。
- 对被测程序或相似的程序的缺陷分布情况进行过系统分析（包括功能缺陷、数据缺陷、接口缺陷和界面缺陷等）。

根据经验，当使用错误推测法设计测试用例时，需要考虑的策略如表 4-25 所示。

表 4-25　使用错误推测法设计测试用例时需要考虑的策略

项 目 进 程	经 验 心 得	特　征
软件规划设计阶段	● 数据在系统中流动，有"入口"有"出口"，才是正常现象。因此要着重测试数据或文件流入/流出的对接问题，或者查看有无死循环。 ● 新程序的产生往往要求接收旧程序的数据，因此也要测试旧数据在新程序中的表现。 ● 在不同的功能模块下，对于相同或类似的需求，有没有使用同样的处理方式？ ● 对于操作环境，有没有软硬件的设定要求？如果没有，需要设计针对不同的操作系统（如 Windows 7、Windows 8 或者 Windows 10 或者不同版本的浏览器）的测试用例	隐蔽，难于发现
软件开发阶段	● 记录的重复出现一直困扰着测试人员，其实这是开发者忘记在新建和修改数据时做重复检查导致的。 ● 在不同尺寸、不同分辨率的显示器上，软件界面是否正常显示？ ● 对于同时操作问题（例如，在不同机器上登录同一用户，两人修改同一条数据），软件如何反应？ ● 查询问题：默认的查询条件和结果是否符合需求设定？是否支持模糊查询？查询的关键字之间是否可用连接符？输入正确的查询条件以前加上空格，是否能正确地查出相应的数据？ ● 翻页功能：包括返回首页、上一页、下一页、尾页，指定跳转页等。 ● 按钮问题：包括默认状态，选定记录后的状态，单击按钮后的状态，按钮间的先后次序是否符合使用习惯等。 ● 字符的处理：输入的特殊字符（全角与半角形式）是否正常显示？输入空格后，是否过滤？输入 HTML 字符呢？输入脚本语言函数呢？文本是否支持复制、粘贴	思维模式或缺乏现实指导所导致

续表

项 目 进 程	经 验 心 得	特 征
软件测试 验证阶段	• 对代码漠不关心，有些测试员会选择无视空值（null）和空格键的处理方式的区别，或者回车键与换行的不同。 • 缺乏计算机基础知识（如缓存），使得数据没及时更新而显示错误。 • 对于网络安全认识不足，如忽视 HTTP 和 HTTPS 的区别，FTP 和 SFTP 的不同。 • 用户配置不完全相同，忽略了一些问题，如配置文件安全性，是否有密码	给自己挑错，是最难的事
行业规范与 用户习惯	• 关注行业规范，熟悉软件需求之余，不仅要增加常识，还要熟悉未被提及但又约定俗成的、广泛使用的规则，如海运领域中，集装箱统一采用英尺作为长度单位；又如在酒店中退房时，人们常以隔日中午 12 点作为截止时间；又如外贸行业中，我们需要考虑货币换算，即汇率问题。 • 用户习惯：有一般用户习惯或特殊用户习惯，特殊用户习惯一般会在需求文档中罗列出来，而一般的用户习惯则要求测试员在测试过程中，凭经验去判断，如很多网站的登录页面设置在页面右侧，除美观之外，这与大部分用户习惯用右手单击鼠标有关；又如单击网页右上角的"关闭"按钮时，会弹出确认关闭的对话框，这是为了防止用户误关闭而采用的做法	注重行业规范与用户习惯，都能使开发出来的程序或软件更接地气，更人性化，从而获得用户的好评

图 4-10 展示了测试人员的工作感悟。

图 4-10　测试人员的工作感悟

【案例 4-8】测试微信通信录中好友的默认分组和排序

要求按微信昵称的第一个字母或拼音进行分组和排序。

解析： 图 4-11 展示了模拟的微信通信录。这里以大家熟悉的微信为例。

图 4-11　微信通信录（模拟源于腾讯微信）

表 4-26 展示了微信通信录不完整版测试用例。

表 4-26　微信通信录不完整版测试用例

编　　号	测试用例描述	期　望　结　果
1	微信昵称为汉字	按首字的拼音分组排序
2	微信昵称为英文	按第一个英文字母分组排序
3	微信昵称为英文但大小写不同	分组一致，不区分大小写排序
4	微信昵称中首个汉字或英文字母相同	按第二个字母或汉字分组排序
5	微信昵称首字为数字或特殊字符	归为#类，数字排在字符前，数字从小到大排序，特殊字符按通用规则排序
6	微信昵称首字非汉字、非英文	归为#类，顺序依次为数字、希腊语字符、日语假名、阿拉伯字符、韩语等

解析： 根据经验，测试数字、特殊字符和非汉字非英文字符的分组排序，但微信还允许完全相同的昵称，并且允许使用表情符号作为昵称。

你是不是觉得表 4-26 还有欠缺？如果你已经拥有了测试思维，那么你还可以补充测试用例，如表 4-27 所示，让测试用例更丰富，覆盖面更广。

表 4-27　为微信通信录补充的测试用例

编　号	测试用例描述	期　望　结　果
1	微信昵称为汉字，并且有两个完全相同的昵称	显示在上下位置，其他正常
2	微信昵称为英文，并且有两个完全相同的昵称	显示在上下位置，其他正常
3	微信昵称的首字为表情符号，如气球、鲜花等	归为#类，排在数字、特殊字符后
4	微信昵称的首字为表情符号，并且相同	按第二个英文、拼音、表情符号排序
5	微信昵称的首字为表情符号，并且有两个完全相同的昵称	显示在上下位置，其他正常

4.3.4　判定表法

判定表又叫决策表。它是用来分析和表达多个逻辑条件下执行不同操作的情况的一个表格工具。简单而言，它是一些组合性的输入/输出。

判定表的组成见图 4-12。其中涉及的组成部分如下。

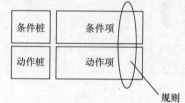

图 4-12　判定表的组成

- 条件桩：列出所有条件，通常列出的条件不需要排序。
- 动作桩：列出可能采取的操作，对这些操作的排列顺序也没有约束。
- 条件项：针对左侧条件的取值，列出在所有可能情况下的真假值，Y/1 代表真（有），N/0 代表假（无）。
- 动作项：列出在条件项的各种取值情况下应该采取的操作。
- 规则：任何一个条件组合的特定取值及其要执行的相应操作。在判定表中贯穿条件项和动作项的一列就是一条规则。

测试用例设计步骤如下。

（1）根据软件规约说明，列出所有的条件桩和动作桩。

（2）确定规则的个数。

（3）填入条件项。

（4）填入动作项，建立初始判定表。

（5）简化、合并相似规则或相同动作。

【案例 4-9】测试 12306 网站购票与退票时间规定（见图 4-13）

 中国铁路客户服务中心｜客运服务

客服热线:12306

温馨提示:

在 12306.**网站购票、改签和退票须不晚于开车前30分钟；办理变更到站"业务时，请不要晚于开车前48小时。

图 4-13　网站购票与退票时间规定

解析： 首先，列出所有的条件桩和动作桩，填入条件项、动作项，确定规则个数，得到初始判定表，如表 4-28 所示。

表 4-28　初始判定表

		1	2	3	4	5	6	7	8	9	10	11	12	13	14	15	16
允许事项	购票	Y	Y	Y	Y	Y	Y	Y	Y	N	N	N	N	N	N	N	N
	改签	Y	Y	Y	N	N	N	Y	N	Y	Y	N	N	Y	N	N	N
	退票	Y	Y	N	Y	N	N	N	Y	N	Y	Y	N	Y	Y	Y	N
	变更到站	Y	N	N	N	N	Y	Y	N	N	N	N	Y	Y	Y	Y	N
要求时间	开车前 30 分	—	√	√	√	√	—	—	—	√	√	—	—	√	—	—	—
	开车前 48 小时	√	—	—	—	—	√	√	√	—	—	√	√	—	√	√	—
	无时间要求	—	—	—	—	—	—	—	—	—	—	—	—	—	—	—	√

条件桩　　　　　　　　　　　　　　　　　条件项

		1	2	3	4	5	6	7	8	9	10	11	12	13	14	15	16
允许事项	购票	Y	Y	Y	Y	Y	Y	Y	Y	N	N	N	N	N	N	N	N
	改签	Y	Y	Y	N	N	N	Y	N	Y	Y	N	N	Y	N	N	N
	退票	Y	Y	N	Y	N	N	N	Y	N	Y	Y	N	Y	Y	Y	N
	变更到站	Y	N	N	N	N	Y	Y	N	N	N	N	Y	Y	Y	Y	N
要求时间	开车前30分	—	√	√	√	√	—	—	—	√	√	—	—	√	—	—	—
	开车前48小时	√	—	—	—	—	√	√	√	—	—	√	√	—	√	√	—
	无时间要求	—	—	—	—	—	—	—	—	—	—	—	—	—	—	—	√

动作桩　　　　　　　　　　　　　　　　　动作项

然后，简化、合并相似规则。

解析：

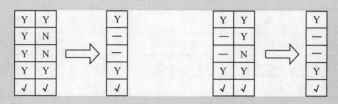

按照此规则，第1列、第6列、第7列、第8列、第11列、第12列、第14列、第15列可以合并；第2～5列可以合并；第10列、第13列可以合并；第9列和第16列无须合并。

最后，生成简化后的购退票时间判定表（见表4-29）。

表4-29　购退票时间判定表

条	目	1	2	3	4	5
允许事项	购票	—	Y	N	N	N
	改签	—	—	Y	—	N
	退票	—	—	N	Y	N
	变更到站	Y	N	N	N	N
要求时间	开车前30分	—	√	√	√	—
	开车前48小时	√	—	—	—	—
	无时间要求	—	—	—	—	√

【案例4-10】测试共享单车使用月卡骑行的收费情况（见图4-14）

要求每月免费骑行120分，不限次数，超出部分按正常收费。

共享 单车月卡

持有本月卡
每次行程前120分钟骑行免费

- 月卡使用期间不限次数畅骑
- 月卡使用期间每次行程前120分免费,超出部分按正常计费规则收费
- 月卡免费骑行天数从购买当天开始计算,至月卡失效日期的24时结束
- 购卡/续费成功后,相应费用不予退还
- 退押金后将无法再骑车,且已购买的月卡剩余时长不变,在月卡有效期内您仍可以通过充值押金恢复月卡权益

图4-14　共享单车使用月卡骑行的收费情况

解析：首先，列出所有的条件桩和动作桩，得到初始表，如表4-30所示。

表 4-30　初始表

编　　号	条　件　桩	动　作　桩
1	骑行超过 120 分	收费骑行
2	骑行日期超过该月最后一天	收费骑行
3	退押金	无法骑行

根据使用月卡免费骑行的条件，列出 3 个条件桩，3 个动作桩，初始判定表中的规则个数为 2×2×2=8。

另外，对于单次骑行部分时间超过 120 分免费额度的测试，用边界值的方法设计测试用例，以保证用例全面覆盖。

然后，填入条件项、动作项，确定规则个数，得到初始判定表，如表 4-31 所示。

表 4-31　初始判定表

		1	2	3	4	5	6	7	8
原因/条件	骑行超过 120 分	Y	Y	Y	Y	N	N	N	N
	日期超过一个月	Y	Y	N	N	Y	Y	N	N
	退押金	Y	N	N	Y	N	Y	Y	N
结果/条件	免费骑行	—	—	—	—	—	—	—	√
	收费骑行	—	√	√	—	√	—	—	—
	无法骑行	√	—	—	√	—	√	√	—

最后，简化合并相似规则，生成简化判定表，如表 4-32 所示，确定测试用例 C1、C2、C3 和 C4。

表 4-32　简化判定表

		1	2	3	4
原因/条件	骑行超过 120 分	Y	N	—	N
	日期超过一个月	—	Y	—	N
	退押金	N	N	Y	N
结果/条件	免费骑行	—	—	—	√
	收费骑行	√	√	—	—
	无法骑行	—	—	√	—
测试用例	C	C1	C2	C3	C4

【案例 4-11】测试《欢乐斗地主》抢地主翻倍规则（见图 4-15）

图 4-15 《欢乐斗地主》抢地主翻倍规则

解析：首先，列出所有的条件桩和动作桩，填入条件项、动作项，确定规则个数，得到初始判定（见表 4-33）。

表 4-33 初始判定表

		1	2	3	4	5	6	7	8	9	10	11	12	13	14	15	16	17	18	19	20	21	22	23
原因/条件	叫地主×2	Y	Y	Y	Y	N	Y	Y	Y	Y	Y	Y	Y	Y	Y	Y	Y	Y	Y	Y	N	N	N	N
	抢地主×2	Y	N	Y	Y	Y	Y	Y	N	Y	Y	Y	Y	N	Y	Y	Y	Y	Y	N	Y	N	N	N
	抢地主×2	Y	Y	N	Y	Y	Y	Y	Y	N	Y	Y	N	Y	Y	N	Y	Y	Y	N	N	Y	N	N
	抢地主×2	Y	Y	Y	N	Y	Y	Y	Y	Y	N	Y	Y	Y	N	Y	N	Y	Y	N	N	N	Y	N
	底牌同花、顺子、王炸×3	Y	Y	Y	Y	Y	N	N	N	N	N	N	Y	Y	Y	Y	Y	N	N	N	N	N	N	—
结果/条件	翻 2 倍	—	—	—	—	—	—	—	—	—	—	—	—	—	—	—	—	—	—	—	√	√	√	—
	翻 4 倍	—	—	—	—	—	—	—	—	—	—	—	—	—	—	—	—	√	√	√	—	—	—	—
	翻 6 倍	—	—	—	—	—	—	—	—	—	—	—	—	—	√	√	√	—	—	—	—	—	—	—
	翻 8 倍	—	—	—	—	—	—	√	√	√	√	—	—	—	—	—	—	—	—	—	—	—	—	—
	翻 12 倍	—	—	—	—	—	—	—	—	—	—	√	√	√	—	—	—	—	—	—	—	—	—	—
	翻 16 倍	—	—	—	—	—	√	—	—	—	—	—	—	—	—	—	—	—	—	—	—	—	—	—
	翻 24 倍	—	√	√	√	√	—	—	—	—	—	—	—	—	—	—	—	—	—	—	—	—	—	—
	翻 48 倍	√	—	—	—	—	—	—	—	—	—	—	—	—	—	—	—	—	—	—	—	—	—	—
	重新发牌	—	—	—	—	—	—	—	—	—	—	—	—	—	—	—	—	—	—	—	—	—	—	√

		条件桩								条件项												

		1	2	3	4	5	6	7	8	9	10	11	12	13	14	15	16	17	18	19	20	21	22	23
原因/条件	叫地主×2	Y	Y	Y	Y	N	Y	Y	Y	Y	N	Y	N	Y	Y	N	Y	N	Y	Y	Y	N	N	N
	抢地主×2	Y	N	Y	Y	Y	Y	Y	N	Y	Y	Y	N	Y	N	Y	N	Y	Y	N	N	Y	Y	N
	抢地主×2	Y	Y	N	Y	Y	Y	N	Y	Y	Y	N	Y	Y	N	N	Y	Y	Y	N	Y	N	Y	N
	抢地主×2	Y	Y	Y	N	Y	Y	Y	Y	N	Y	Y	Y	N	N	N	N	N	N	N	N	N	N	N
	底牌同花、顺子、王炸×3	Y	Y	Y	Y	N	N	N	N	N	Y	Y	Y	Y	Y	Y	N	N	N	N	N	N	N	—
结果/条件	翻2倍	—	—	—	—	—	—	—	—	—	—	—	—	—	—	—	—	—	—	—	√	√	√	—
	翻4倍	—	—	—	—	—	—	—	—	—	—	—	—	—	—	—	—	√	√	√	—	—	—	—
	翻6倍	—	—	—	—	—	—	—	—	—	—	—	—	—	√	√	√	—	—	—	—	—	—	—
	翻8倍	—	—	—	—	—	—	√	√	√	√	—	—	—	—	—	—	—	—	—	—	—	—	—
	翻12倍	—	—	—	—	—	—	—	—	—	—	√	√	√	—	—	—	—	—	—	—	—	—	—
	翻16倍	—	—	—	—	—	√	—	—	—	—	—	—	—	—	—	—	—	—	—	—	—	—	—
	翻24倍	—	√	√	√	√	—	—	—	—	—	—	—	—	—	—	—	—	—	—	—	—	—	—
	翻48倍	√	—	—	—	—	—	—	—	—	—	—	—	—	—	—	—	—	—	—	—	—	—	—
	重新发牌	—	—	—	—	—	—	—	—	—	—	—	—	—	—	—	—	—	—	—	—	—	—	—

动作桩　　　　　　　　　　　动作项

然后，简化、合并相似规则。

- 三人总共抢 1 次地主且底牌不翻倍的规则合并。
- 三人总共抢 1 次地主且底牌翻倍的规则合并。
- 三人总共抢 2 次地主且底牌不翻倍的规则合并。
- 三人总共抢 2 次地主且底牌翻倍的规则合并。
- 三人总共抢 3 次地主且底牌不翻倍的规则合并。
- 三人总共抢 3 次地主且底牌翻倍的规则合并。
- 三人总共抢 4 次地主且底牌不翻倍的规则合并。
- 三人总共抢 4 次地主且底牌翻倍的规则合并。
- 三人都不抢地主的规则。

最后，生成简化后的抢地主翻倍判定表（见表 4-34）。

表 4-34 简化判定表

简化后判定表		1	2	3	4	5	6	7	8	9
原因/条件	抢 1 次地主	Y	Y	—	—	—	—	—	—	—
	抢 2 次地主	—	—	Y	Y	—	—	—	—	—
	抢 3 次地主	—	—	—	—	Y	Y	—	—	—
	抢 4 次地主	—	—	—	—	—	—	Y	Y	—
	底牌同花、顺子、王炸×3	Y	N	Y	N	Y	N	Y	N	—
结果/条件	翻 2 倍	√	—	—	—	—	—	—	—	—
	翻 4 倍	—	—	√	—	—	—	—	—	—
	翻 6 倍	—	√	—	—	—	—	—	—	—
	翻 8 倍	—	—	—	—	√	—	—	—	—
	翻 12 倍	—	—	—	√	—	—	—	—	—
	翻 16 倍	—	—	—	—	—	—	√	—	—
	翻 24 倍	—	—	—	—	—	√	—	—	—
	翻 48 倍	—	—	—	—	—	—	—	√	—
	重新发牌	—	—	—	—	—	—	—	—	√

4.3.5 因果图法

因果图法是一种利用图解法分析输入的各种组合情况，从而设计测试用例的方法，它可用于检查程序输入条件的各种组合情况。

简单来说，画出各种原因（输入）以及对应的结果（输出），用特定的符号来表示这种关系，再汇总得出测试用例。

因果图的元素如下。

- 原因：输入条件，用 C_i 表示（C 表示 Cause）。
- 结果：输出状态，用 E_i 表示（E 表示 Effect）。

C_i 与 E_i 取 0 或 1。其中，0 表示某状态不出现；1 表示某状态出现。

- $C_i=0$，表示该条件不存在；$C_i=1$，表示该条件存在。
- $E_i=0$，表示该结果不成立；$E_i=1$，表示该结果成立。

用直线连接左右两边的节点，左边节点表示原因（输入条件），右边节点表示结果（输出状态）。

因果图表示因和果之间的关系，其 4 种基本关系分别是"恒等""非""或"和"与"（其符号表示分别如图 4-16 ~ 图 4-19 所示）。

- "恒等"：若 $C_i=1$，$E_i=1$；若 $C_i=0$，$E_i=0$；关于"恒等"，可以理解为，上课时，

若有学生（$C_i=1$），就有老师（$E_i=1$）；若没有学生（$C_i=0$），就没有老师（$E_i=0$）。

- "非"：$C_i=1$，$E_i=0$；$C_i=0$，$E_i=1$。关于"非"，可以理解为，下课时，在教室中，有学生（$C_i=1$），没有老师（$E_i=0$）；在办公室中，没有学生（$C_i=0$），有老师（$E_i=1$）。

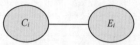

图 4-16 "恒等"的符号表示

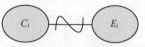

图 4-17 "非"的符号表示

- "或"：若 C_1、C_2、C_3 中有一个以上为 1，$E_i=1$；若 C_1、C_2、C_3 全为 0，$E_i=0$。关于"或"，可以理解为，上课时，一旦看到一个美术学生（$C_1=1$ 或 $C_2=1$ 或 $C_3=1$），其他学生也可以是美术学生，也可以不是美术学生，就有美术老师在上课（$E_i=1$）；如果全班一个美术学生都看不到（$C_1=0$ 且 $C_2=0$ 且 $C_3=0$），就没有美术老师在上课（$E_i=0$）。注意，"或"用 V 表示。

- "与"：若 C_1、C_2、C_3 全为 1，$E_i=1$；若 C_1、C_2、C_3 有一个以上为 0，$E_i=0$。关于"与"，可以理解为，上课时，只有看到全部是体育学生（$C_1=1$ 且 $C_2=1$ 且 $C_3=1$），就有体育老师在上课（$E_i=1$）；如果全班有一个不是体育学生（$C_1=0$ 或 $C_2=0$ 或 $C_3=0$），就没有体育老师在上课（$E_i=0$）。注意，"与"用 ∧ 表示。

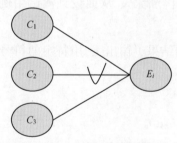

图 4-18 "或"的符号表示

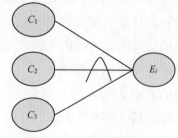

图 4-19 "与"的符号表示

因果图的约束种类如表 4-35 所示。

其中，原因之间有 4 种约束，分别是"异""或""唯一"和"要求"（见图 4-20），结果之间有一种约束——强制。

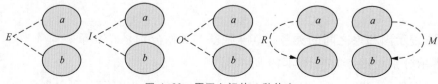

图 4-20 原因之间的 4 种约束

表 4-35 因果图的约束种类

约束种类	关系说明	举例
"异" （Either, E）	a 和 b 最多只能有一个为 1，但可以都为 0	大学里允许学生们自选一门选修课，从而获得选修课的学分，包括篮球培训、足球培训、羽毛球培训等。这里，每个学生在同一个学期只能选择一门课，选择上的一门课程（$a=1$）会排斥未选上的另一门课程（$b=0$），也可以不选全部课程（$a=0$，$b=0$），因此这属于"异"约束
"或" （In, I）	a 和 b 至少必须有一个是 1，但不能同时为 0	这种约束关系说明，几种输入可同时存在，不相互排斥。 例如，为拓宽孩子们的知识面，幼儿园老师要求家长为孩子们准备植物或课外书至少一样。这里，每个家长可以选择准备一盆植物（$a=1$），也可以准备些课外书（$b=1$），但不可以什么也不准备（$a=0$，$b=0$），因此这属于"或"约束
"唯一" （Only, O）	a 和 b 有且仅有一个为 1	这种约束关系说明，两种输入存在负相关关系，也是相互排斥的，但属于对立的排斥，和"异"不同的是，不能同时存在，也不能同时不存在。 例如，4 年一度的世界杯总决赛中，两支球队在赛场上进行最后的比拼，冠军只有一个，两支球队最后会获得冠军（$a=1$，$b=0$）或亚军（$a=0$，$b=1$）
"要求" （Request, R）	$a=1$，$b=1$，其他不约束	这种约束关系说明，两种输入存在正相关关系，有一必有二。 例如，从自动贩卖机购买的饮料中，首先选择饮料品种，其次投入纸币，最后机器才会出饮料，这里选择饮料品种（$a=1$）与投入纸币（$b=1$），二者存在正相关关系，是购买饮料的输入要求
"强制" （Mandatory, M）	若结果 $a=1$，则结果 b 强制为 0，其他不约束	这种约束关系说明，两种输出存在负相关关系，属于相互排斥的约束关系。 例如，高考成绩出来后，若某同学的成绩在其心仪的大学的录取分数线以上，则可以报考这一学校（$a=1$）；相反，则只能报考其他学校（$b=0$）

测试用例设计步骤如下。

（1）分析软件规约说明的描述中，哪些属于原因（即输入条件以及等价类），哪些属于结果（即输出说明），并按照上述的规定，给各个原因和结果分别画出一个标识符。

（2）理解软件规约说明中的语义，找出原因之间的关系（如并且、除非、同时之类的描述），原因与结果的关系（如等于、不等于、大于、小于、导致、产生之类的描述），根据这些关系，画出因果图关系以及约束关系。

（3）由于语法或环境的限制，若有些原因之间的关系、原因与结果的关系没有在描述中明确表达出来，就需要补充这些隐含的约束关系。

（4）把因果图转换成判定表。

（5）根据判定表的每一列所表示的情况，设计一个测试用例。

【案例 4-12】测试某高校毕业证发放管理办法（见图 4-21）

> **毕业证发放管理办法**
>
> 一、凡我院毕业生在校期间通过教学计划规定的课程，获得相应专业的职业技能资格证书，品德操行合格，不欠学费，可获得毕业证书。
> 二、有下列情况之一者，将缓发或不发毕业证书：
> 1．凡欠费或有不及格课程的同学毕业证一律不得发放，需交清所欠学费或参加补考合格后方可领取。
> 2．凡未获得职业技能资格证书者，毕业证缓发，直至获得职业技能资格证书方可领取。
> 3．在校期间因品质不良受学院违纪处分者，毕业时未被撤销处分，毕业证缓发，直至处分被撤销方可领取。

图 4-21　毕业证发放管理办法

解析：首先，分析原因和结果，得到表 4-36 所示因果图分析表。

表 4-36　因果图分析表

编　　号	输　入　条　件	输　出　结　果
1	课程及格 A_1	发放职业技能资格证书 E_1
2	品德操行及格 A_2	发放毕业证 E_2
3	不欠学费 A_3	
4	补考及格 B_1	
5	处分撤销 B_2	
6	补交学费 B_3	

考虑到输入条件较多，并且相互之间存在约束关系，因此需要引入中间节点 AB，包括 AB_1、AB_2、AB_3 三个中间节点。

对于同一个学生而言，课程及格 A_1 和补考及格 B_1 最多只能存在一项，或者两项都不存在，因此它们之间的约束是"异"约束；同样，品德操行及格 A_2 和处分撤销 B_2 之间也属于"异"约束；不欠学费 A_3 和补缴学费 B_3 之间也是"异"约束。即，若 $A_i=1$，$B_i=0$；若 $A_i=0$，$B_i=1$；若 $A_i=0$，$B_i=0$，$i=1$，2，3。

为课程及格 A_1 和补考及格 B_1 引入中间节点 AB_1，对应的因果关系应是"或"；为品德操行及格 A_2 和处分撤销 B_2 引入中间节点 AB_2，对应的因果关系同样是"或"；为不欠学费 A_3 和补缴学费 B_3 引入中间节点 AB_3，对应的因果关系同样是"或"。即，若 $A_i=1$，$B_i=0$，则 $AB_i=1$；若 $A_i=0$，$B_i=1$，则 $AB_i=1$；若 $A_i=0$，$B_i=0$，则 $AB_i=0$，$i=1$，2，3。

三个中间节点包含了 6 种原因，而发放毕业证 E_2 必须满足全部中间节点（这意味着课程、品德操行和学费三项属性全部满足），因此因果关系是"与"。即，若 $AB_i=1$，则 $E_2=1$；否则，$E_2=0$，$i=1$，2，3）。

只有课程及格或者补考及格，才能发放职业技能资格证书，因此中间节点 AB_1 和发放职业技能资格证书 E_1 的因果关系是"恒等"。即，若 $AB_1=1$，则 $E_1=1$。

然后，根据原因之间的关系、原因与结果的关系，画因果图。

根据以上分析，得出因果图草图，如图 4-22 所示。

把所有的元素加进去后，完整的因果图如图 4-23 所示。

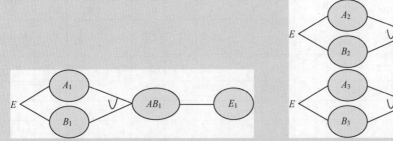

图 4-22 因果图草图 　　　　　　　　图 4-23 完整的因果图

若 A_i 和 B_i 不可同时为 1，则 A_i、B_i 和 AB_i 的值有 3 种组合，如表 4-37 所示。

表 4-37 A_i、B_i 和 AB_i 的值的 3 种组合

A_i	0	0	1
B_i	0	1	0
AB_i	0	1	1

AB_1、AB_2、AB_3 的值有 8 种组合，如表 4-38 所示。

表 4-38 AB_1、AB_2 和 AB_3 的值的 8 种组合

AB_1	0	0	0	0	1	1	1	1
AB_2	0	0	1	1	0	0	1	1
AB_3	0	1	0	1	0	1	0	1

最后，根据因果图建立判定表，从而得出表 4-39 所示测试用例。

表 4-39 由因果图法得到的测试用例

		1	2	3	4	5	6	7	8	9	10	11	12	13	14
原因/条件	A_1	0	0	0	0	0	0	0	0	0	1	0	1	0	1
	B_1	0	0	0	0	0	0	0	0	0	0	1	0	1	0

续表

		1	2	3	4	5	6	7	8	9	10	11	12	13	14
原因/条件	A_2	0	0	0	1	0	1	0	1	0	0	0	0	0	0
	B_2	0	0	0	0	1	0	1	0	1	0	0	0	0	0
	A_3	0	1	0	0	0	1	0	0	1	0	0	1	0	0
	B_3	0	0	1	0	0	0	1	0	0	0	0	0	1	1
	AB_1	0	0	0	0	0	0	0	0	0	1	1	1	1	1
	AB_2	0	0	0	1	1	1	1	1	0	0	0	0	0	0
	AB_3	0	1	1	0	0	1	1	1	1	0	1	1	1	1
结果/动作	E_1	0	0	0	0	0	0	0	0	0	1	1	1	1	1
	E_2	0	0	0	0	0	0	0	0	0	0	0	0	0	0
测试用例		C_1	C_2	C_3	C_4	C_5	C_6	C_7	C_8	C_9	C_{10}	C_{11}	C_{12}	C_{13}	C_{14}

		15	16	17	18	19	20	21	22	23	24	25	26	27
原因/条件	A_1	0	1	0	1	0	1	1	0	0	1	1	0	0
	B_1	1	0	1	0	1	0	0	1	1	0	1	1	1
	A_2	0	1	0	0	1	1	0	1	0	1	0	1	0
	B_2	0	0	1	1	0	0	1	0	1	0	1	0	1
	A_3	1	0	0	0	0	1	1	0	1	0	0	0	0
	B_3	0	0	1	1	0	0	0	0	0	1	1	1	1
	AB_1	1	1	1	1	1	0	1	1	1	1	1	1	1
	AB_2	0	1	1	1	0	1	1	1	1	1	1	1	1
	AB_3	1	0	0	0	0	1	1	0	0	0	0	0	0
结果/动作	E_1	1	1	1	1	1	1	1	1	1	1	1	1	1
	E_2	0	0	0	0	1	1	1	1	1	1	1	1	1
测试用例		C_{15}	C_{16}	C_{17}	C_{18}	C_{19}	C_{20}	C_{21}	C_{22}	C_{23}	C_{24}	C_{25}	C_{26}	C_{27}

表中最后一行给出了对应 27 种情况的测试用例，这是测试所需要的数据。

【案例 4-13】测试某公司考勤制度（见表 4-40）

表 4-40 考勤制度

编 号	考 勤 规 则	处 理 结 果
1	员工每月迟到两次以内（含两次）	不处理
2	员工每月迟到 3 次及以上	每次扣除 50 元，每月 300 元封顶
3	员工每月早退两次以内（含两次）	不处理

续表

编 号	考 勤 规 则	处 理 结 果
4	员工每月早退 3 次及以上	每次扣除 50 元，每月 300 元封顶
5	员工每月旷工 1 次	扣发 1 天薪金的两倍
6	员工每月迟到、早退共计 5 次及以上	扣除相应的薪金后，计旷工一次

注意：迟到或早退 1 小时内有效，超过 1 小时而又未请假的算旷工。

解析： 首先，分析原因和结果，得到表 4-41 所示因果图分析表。

表 4-41　因果图分析表

编 号	输 入 条 件	输 出 结 果
1	C_1 迟到	E_1 不处理
2	C_2 早退	E_2 扣除 $50n$ 元，且 $50n \leqslant 600$ 元（$n \geqslant 1$）
3	C_3 旷工	E_3 扣发 n 天薪金的两倍（$n \geqslant 1$）
4	C_4 少于或等于 2 次	
5	C_5 大于或等于 3 次，少于 5 次	
6	C_6 大于或等于 5 次	

C_1 和 C_2 的关系为"或"，可同时出现，因此 E2 中最高处罚为罚 600 元。

当 C_1、C_2 和 C_3 互为输入条件时，对于同一天，关系是"唯一"。即，若 C_1 或 C_2 出现，则 C_3 不出现；若 C_3 出现，则 C_1 和 C_2 不出现，但对于一个月时间，则不属于唯一关系。

若 C_1、C_2 和 C_3 为因果关系，则会间接触发 C_3 的结果。

然后，根据原因之间的关系、原因与结果的关系，画因果图，如图 4-24 所示。

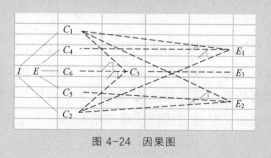

图 4-24　因果图

最后，根据因果图建立判定表，从而得出表 4-42 所示测试用例。

表 4-42　由因果图法确定的测试用例

		1	2	3	4	5	6	7	8	9	10	11
原因/ 条件	C_1	1	1	0	0	1	0	1	0	1	1	1
	C_2	0	1	1	0	0	1	1	0	1	1	0
	C_3	0	0	0	1	0	0	0	1	0	0	0
	C_4	1	1	1	1	0	0	0	0	1	1	0
	C_5	0	0	0	0	1	1	1	1	1	1	0
	C_6	0	0	0	0	0	0	0	0	0	0	1
结果/ 动作	E_1	1	1	1	0	0	0	0	0	0	0	0
	E_2	0	0	0	0	1	1	1	0	1	1	1
	E_3	0	0	0	1	0	0	0	1	0	1	1
测试用例		T_1	T_2	T_3	T_4	T_5	T_6	T_7	T_8	T_9	T_{10}	T_{11}

		12	13	14	15	16	17	18	19	20	21
原因/条件	C_1	0	0	1	1	1	0	1	1	0	1
	C_2	1	0	1	1	0	1	1	0	1	1
	C_3	0	1	0	0	1	1	0	1	1	1
	C_4	0	0	0	1	1	1	0	0	0	0
	C_5	0	0	0	0	0	0	1	1	1	1
	C_6	1	1	1	1	1	1	1	1	1	1
结果/动作	E_1	0	0	0	0	0	0	0	0	0	0
	E_2	1	0	1	1	1	1	1	1	1	1
	E_3	1	1	1	1	1	1	1	1	1	1
测试用例		T_{12}	T_{13}	T_{14}	T_{15}	T_{16}	T_{17}	T_{18}	T_{19}	T_{20}	T_{21}

4.3.6　场景法

场景法是指通过使用场景来对系统的功能点或业务流程进行描述，从而提高测试效果的一种方法。

场景即用户故事，指用户实际使用系统时的一系列操作。

场景法的元素一般包含基本流和备选流。从一个流程开始，通过描述经过的路径来确定过程，通过遍历所有的基本流和备选流来完成整个场景，如图 4-25 所示。

基本流采用黑直线表示，是经过用例的最简单的路径（无任何差错，程序从开始直接执行到结束）。

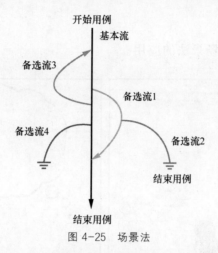

图 4-25　场景法

备选流采用不同颜色表示，一个备选流可能从基本流开始，在某个特定条件下执行，然后重新加入基本流中，也可以起源于另一个备选流，或结束用例，不再加入基本流中（在各种错误情况下）。

从基本流开始，将基本流和备选流结合起来，根据场景法确定测试用例，如表 4-43 所示。

表 4-43　由场景法确定的测试用例

编　　号	事件流名称
1	基本流
2	基本流、备选流 1
3	基本流、备选流 1、备选流 2
4	基本流、备选流 3
5	基本流、备选流 3、备选流 1
6	基本流、备选流 3、备选流 1、备选流 2
7	基本流、备选流 4
8	基本流、备选流 3、备选流 4

测试用例设计步骤如下。

（1）根据需求说明，描述程序的基本流及各项备选流。

（2）根据基本流和各项备选流，生成不同的场景。

（3）为每一个场景生成相应的测试用例。

（4）复审生成的所有测试用例，去掉多余的测试用例。确定测试用例后，对每一个测试用例确定测试数据值。

图 4-26 用漫画展示了场景法的应用。

图 4-26 场景法的应用

【案例 4-14】测试缤果盒子无人值守便利店的购物流程（见图 4-27）

要求测试无人值守便利店的购物流程以及各种正常/非正常事件的处理。

图 4-27 缤果盒子购物步骤

解析：首先，分析基本流和备选流，得到场景，如表 4-44 所示。

表 4-44 自助购物场景表

编号	事件流名称	包含的事件	是否回归基本流
1	基本流	扫码开门→检测商品→扫码付款→取走付款商品→开门离店	是
2	备选流 1	扫码开门→无法识别	否
3	备选流 2	首次扫码开门→提示注册→注册成功	是
4	备选流 3	首次扫码开门→提示注册→注册失败	否
5	备选流 4	检测商品→无法检测	否
6	备选流 5	重复检测商品	是
7	备选流 6	扫码付款→无法识别	否
8	备选流 7	扫码付款→余额不足	否
9	备选流 8	扫码付款→余额不足→选择其他付款方式	是
10	备选流 9	重复扫码付款	是
11	备选流 10	扫码付款→再次检测商品	是
12	备选流 11	取走部分付款商品→开门离店	是
13	备选流 12	不取走付款商品→无法开门	否
14	备选流 13	取走未付款商品→无法开门	否
15	备选流 14	扫码开门→检测商品→离店	是
16	备选流 15	扫码开门→离店	是

然后，把自动购物场景表转化为图 4-28 所示自助购物事件流。

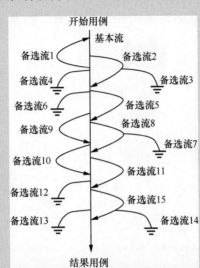

图 4-28 自助购物事件流

接下来，根据需求列出自助购物的基本流以及各种备选流，为每一个场景生成测试用例。

接下来，生成测试用例场景（见表 4-45）。

表 4-45 测试用例场景

场 景 编 号	事 件 流
1	基本流
2	基本流、备选流 1
3	基本流、备选流 2
4	基本流、备选流 3
5	基本流、备选流 4
6	基本流、备选流 5
7	基本流、备选流 6
8	基本流、备选流 7
9	基本流、备选流 7、备选流 8
10	基本流、备选流 9
11	基本流、备选流 10
12	基本流、备选流 11
13	基本流、备选流 12

场 景 编 号	事 件 流
14	基本流、备选流 12、备选流 11
15	基本流、备选流 13
16	基本流、备选流 13、备选流 11
17	基本流、备选流 15
18	基本流、备选流 15、备选流 14

通过反复审查，最终确定以上 18 个场景以及对应的测试用例。接下来，通过为每个测试用例确定测试数据，也就是顾客和商品，我们就可以开始测试了！

【案例 4-15】丰巢智能柜自助取件（见图 4-29）

要求测试快递包裹到达智能柜后，收件人能通过支付宝/微信扫码，或输入取件码，正常开柜取件，并支持非正常开柜取件，如忘记取件码，或超时取件。

图 4-29 丰巢智能柜自助取件

解析： 首先，分析基本流和备选流，得到场景表，如表 4-46 所示。

表 4-46 自助取件场景表

编号	事件流名称	包 含 事 件	是否回归基本流
1	基本流	绑定手机号→收到取件通知→前往柜机操作→收件人取件	是
2	备选流 1	收到微信/支付宝取件通知→通过微信/支付宝扫描柜机上的取件二维码→收件人取件	是
3	备选流 2	收到微信/支付宝/短信取件通知以及取件码→到柜机输入取件码→收件人取件	是
4	备选流 3	到柜机单击"取件"按钮→单击"忘记取件码"按钮→输入手机号并获取取件码→收件人取件	是

续表

编号	事件流名称	包 含 事 件	是否回归基本流
5	备选流 4	通过微信/支付宝扫描二维码→提示无法识别	否
6	备选流 5	输入错误手机号并获取取件码→提示无法识别	否
7	备选流 6	逾期前往柜机→通过微信/支付宝扫描柜机上的取件二维码→微信/支付宝提示产生逾期费用→收件人取件	是
8	备选流 7	逾期前往柜机→输入取件码→手机短信提示产生逾期费用→收件人取件	是

然后，把场景表转化为图 4-30 所示自助取件事件流。

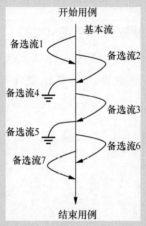

图 4-30　自助取件事件流

接下来，生成测试用例场景（见表 4-47）。

表 4-47　测试用例场景

场 景 编 号	事 件 流
1	基本流
2	基本流、备选流 1
3	基本流、备选流 2
4	基本流、备选流 3
5	基本流、备选流 6
6	基本流、备选流 7
7	基本流、备选流 4
8	基本流、备选流 5
9	基本流、备选流 4、备选流 3

通过以上场景组合测试，我们能判定出丰巢智能柜能否实现自助取件功能。

4.4　常用控件及其测试用例

在编写测试用例时，控件的测试起了非常重要的作用。什么是控件？控件就是在图形用户界面（GUI）中屏幕的一种对象，用户可操作该对象来执行某一行为。表 4-48 列出了测试过程中常用的控件及其测试用例。

表 4-48　测试过程中常用的控件及其测试用例

控 件 名	示 例	测 试 用 例
单选按钮 （radio button）	Action ○1st Print ◉ Reprint	• 单选按钮统一靠左显示，名称描述统一靠右显示； • 一组单选按钮中有且仅有一个选项可以被选中； • 选中时，单选按钮中心会出现一个点，以标记选中状态； • 一组单选按钮中在初始状态下必须有一个被默认选中，不能同时为空； • 逐一执行每一个选项的功能
复选框 （checkbox）	Document ☑ Invoice ☑ Credit Note	• 复选框统一靠左显示，名称描述统一靠右显示； • 多个复选框可以同时被选中； • 多个复选框可以部分被选中； • 多个复选框可以都不被选中； • 当复选框太多时，提供全选和全不选的功能； • 逐一执行每一个选项的功能
分页（paging）控件	首页 上一页 1 / 5 下一页 尾页	• 检查是否能够分页显示数据； • 当没有数据时，"首页""上一页""下一页""尾页"标签应该失效，无法单击； • 在首页中，"首页""上一页"标签失效； • 在尾页中，"下一页""尾页"标签失效； • 在中间页中，"首页""上一页""下一页""尾页"标签均可单击，且跳转正确； • 检查翻页后，列表中的数据是否仍按指定的顺序进行了排序； • 检查各个页面的分页标签样式是否一致； • 检查分页的总数及当前页数显示是否正确； • 在分页处输入数字，检查是否能正确跳转到指定页； • 在分页处输入非数字的字符（英文、特殊字符等），输入 0 或者超出总页数的数字，检查是否有友好提示信息； • 检查是否支持 Enter 键

续表

控　件　名	示　　例	测 试 用 例
文本框 （text box）	Company Code	• 输入正确的字母、数字和字符等； • 输入超长字符； • 输入默认值、空值； • 输入空格，测试前面输入空格，中间输入空格，末尾输入空格和全部输入空格的情况下，程序是否进行处理，保存成功后，数据库中的数据是否与页面显示的一致； • 若只允许输入字母，尝试输入数字；反之，尝试输入字母； • 利用复制、粘贴等操作输入数据； • 输入特殊字符集，如 NULL 及 \n 等； • 输入不符合格式的数据，检查程序是否正常校验，如程序要求输入的年月日格式为 yy/mm/dd，若实际输入 yyyy/mm/dd，程序应该给出错误提示； • 比如在文本框中录入不符合条件的数据（类型不符合或者超长等），保存后应该清空错误的数据
数值型 文本框	Percentage 100.00	• 如果对数字格式有限制，则看是否符合条件； • 当对格式没有限制时，所有输入数据的小数位数应该一致； • 对数字长度有没有限制； • 录入整数加小数点、小数点加整数和单独的小数点，检查保存时系统是否有提示； • 对于要求输入正数的文本框，如职工人数，要判断数字是否为负数； • 输入非数值型数据，检查程序是否进行处理
日期型 文本框	Sign On Date － －	• 打开日历控件时，默认显示当前日期； • 起始时间不可大于结束时间； • 输入错误日期和时间时，检查系统是否能够正确处理； • 检查数据库中的日期是否能正确显示在页面上； • 输入错误的日期格式，检查系统是否能够正确处理； • 验证是否允许手动输入或修改日期； • 通过日历控件上的左右按钮进行年和月的选择； • 保证闰年日期有效、正确，不产生错误和计算误差； • 选择日期后，检查是否关闭日历控件
工具提示 （tooltip）	Address 1 Address 1	• 检查样式是否统一； • 检查显示位置是否统一； • 数据较长时，应分行显示； • 当鼠标指针移动到数据上时，工具提示应该正常显示；当鼠标指针移开时，应该消失； • 当快速移动鼠标指针时，检查工具提示是否能正常显示

续表

控 件 名	示 例	测 试 用 例
命令按钮 （command button）	Refresh | List all | Add | To do list | Search	• 检查单击按钮后是否正确响应操作； • 对于非法的输入或操作，给出足够的提示说明； • 对于可能造成数据无法恢复的操作，给出确认信息，给用户放弃选择的机会（如删除等操作）； • 在同一页面中实现某一功能的按钮应唯一； • 单击按钮，应能激活它
微调按钮	距边界：页眉(H)：1.27 厘米▾ 页脚(F)：1.27 厘米▾	• 在输入框中直接输入数字； • 利用上下三角按钮控制输入情况； • 直接输入超边界数值； • 输入空值； • 输入非数值型字符
组合框 （combo box）	中国 ▾ 请选择... 美国 中国 日本 英国 德国 法国 加拿大	• 条目内容正确，其详细条目内容可以根据需求说明确定； • 逐一执行其中每个条目的功能； • 组合框既可用于输入文字，又可用于在列表框中选择数据
下拉列表框 （list box）	隐藏文字(I)： 不打印隐藏文字 ▾ 不打印隐藏文字 打印隐藏文字 套打隐藏文字	• 检查默认值； • 检查列表中的内容是否正确； • 检查列表中的内容是否重复； • 检查列表中的内容是否按指定的格式显示； • 检查列表中的内容排序是否正确； • 检查列表中内容的对齐方式； • 列表中的内容较多时应使用滚动条； • 下拉列表获得焦点后，检查是否可以通过键盘来操作选择的数据
下拉列表 联动检查	Charge Type -ANY- ▾ Sub-charge Type -ANY- ▾	假设有 A、B、C 三个下拉列表，A 联动 B，B 联动 C，那么需要检查： • 从下拉列表 A 中选择一个选项后，下拉列表 B 的内容应该是下拉列表 A 中这一项所包括的所有内容； • 从下拉列表 B 中选择一个选项后，C 下拉列表的内容应该是下拉列表 B 中这一项所包括的所有内容； • 更改下拉列表 A 中的内容，下拉列表 B、C 的内容应该做相应改变； • 更改下拉列表 B 中的内容，下拉列表 C 的内容应该做相应改变； • 当在下拉列表 A 中没选择数据时，下拉列表 B、C 应不显示内容； • 当在下拉列表 B 中没选择数据时，下拉列表 C 应不显示内容

续表

控 件 名	示 例	测 试 用 例
滚动条 （scroll bar）		• 滚动条的长度应根据显示信息的长度或宽度及时变化； • 拖动滚动条，页面刷新正常显示； • 用滚轮控制滚动条，页面刷新正常显示； • 单击滚动条，或单击滚动条的上下、左右按钮，滚动条应正确移动； • 检查滚动条的可见性
导航 （navigation）栏		• 导航栏的风格一致； • 逐一单击导航栏中菜单，进入对应页面
登录页面		• 输入有效的用户名和密码； • 输入无效的用户名和密码； • 测试密码错误次数限制； • "登录"按钮可用； • 验证按 Enter 键是否能登录
界面		• 各个页面的样式风格应统一； • 同样的图片在各个页面中的大小应一致； • 各个页面的标题正确，位置应统一； • 各个页面中同一级别标题的字体、大小、颜色应统一； • 各个页面按钮的样式、位置、大小、间距应统一； • 调整分辨率后，验证页面显示是否正确； • 各个页面控件的对齐方式、间隔应统一； • 整体色彩搭配要融为一体； • 菜单深度尽量不超过三级
"上传"按钮与 "下载"按钮		• 验证上传、下载文件的功能是否实现； • 验证上传、下载文件时是否有格式、大小的要求； • 验证是否支持批量上传； • 若没有选择文件，单击"上传"按钮，检查是否有提示； • 文件上传结束后，检查是否有提示信息，并且能回到原来页面； • 检查上传的文件是否能成功下载； • 下载成功后，打开文件，检查内容显示是否正确

控 件 名	示 例	测 试 用 例
"新增"按钮	Add	• 要添加的数据项均合理，在界面中保存成功后，检查数据库中是否添加了相应的数据； • 进行必填项检查； • 检查字段的唯一性； • 对于不符合要求的字段，要有错误提示； • 在提交数据时，连续多次单击，查看系统会不会连续增加几条相同的数据或报错； • 若提示不能保存，也要查看数据库是否多了一条数据
"删除"按钮	Delete	• 删除数据库中一条存在的记录，然后查看数据库中是否删除； • 不选择任何记录，单击"删除"按钮，验证是否有提示； • 删除记录时，应该给出确认提示信息； • 删除一条记录后，验证是否可以添加相同的记录； • 如果删除的记录与其他业务数据关联，应注意其关联性，给出合理的提示； • 当只有一条记录时，验证是否可以删除成功； • 当支持删除多条记录或删除全部记录时，注意删除的记录是否正确
"查询"按钮	Search	• 输入的查询条件为数据库中存在的记录，看是否能正确地查出相应的记录； • 输入不符合要求的数据（如格式错误的日期），看是否有错误提示； • 若输入数据库中不存在的记录，应查不出记录； • 若不输入任何数据，查询结果应该为所有记录； • 针对多个查询条件，进行组合查询，看是否能正确地查出相应的记录； • 检查是否支持 Enter 键查询； • 检查是否支持模糊查询； • 检查搜索出的结果页面是否与其他页面风格一致

续表

控 件 名	示 例	测 试 用 例
弹出窗口		• 所有窗口最大化、最小化风格要一致； • 类似功能的窗口打开的风格要一致； • 所有窗口应该有和内容相对应的标题； • 父窗口或主窗口的中心位置应该在对角线焦点附近； • 子窗口位置应该在主窗口的左上角上或正中央；多个子窗口弹出时应该依次向右下方偏移，以显示出窗口标题为宜； • 关闭父窗口时必须关闭所有打开的子窗口，如果由于子窗口没有关闭而无法关闭父窗口，必须给予提示信息框，在关闭提示信息框后显示必须关闭的子窗口； • 弹出窗口尽量在不借助水平和垂直滚动条的情况下显示所有内容； • 窗口的大小最好不要超过父窗口，且最好不要遮住父窗口的主要信息； • 如果存在多层嵌套窗口，每层窗口弹出时都自动往右下方移动一点，以保证不遮盖上层窗口的标题为准
树控件	Function List **New Billing Information System** ⊞ **General System Setting and** ⊞ **User Administration** ⊞ **Company Maintenance** ⊞ **Tariff Maintenance**	• 各层级用不同图标表示，最下层节点无加减号； • 提供全部收起、全部展开功能； • 展开时，内容正常刷新； • 应支持右键功能； • 加减号应正确显示
必填项	Organization：	• 应该有统一的必填标识； • 若不输入任何数据，直接提交，系统应给出合理的提示信息； • 若只输入空格，然后提交，系统应给出合理的提示信息； • 对必填项给出提示后，返回界面中，焦点应自动定位到必填项
"重置"按钮	Reset	• 应清空已输入的数据； • 如果有默认值，应重置为默认值
"浏览"按钮	Browse...	• 验证按钮名称及显示是否正确； • 验证按钮是否实现其相应功能； • 验证单击"浏览"按钮是否弹出浏览窗口； • 验证弹出窗口是否显示相关文件； • 选择文件确定后当前页面是否显示所选文件等
"确定"按钮	确定	• 接受输入的数据或显示的响应信息； • 单击"确定"按钮后关掉窗口

续表

控 件 名	示 例	测 试 用 例
"取消"按钮	Cancel	• 不接受输入的信息,关掉窗口; • 验证取消时是否给予了提示,尤其是对于有大量输入的窗口
"编辑"按钮	Edit	• 如果勾选多条记录并进行修改,应给出只能对一条记录进行修改的提示信息; • 修改时加载的内容应该为记录的实际内容,而不再是默认值; • 修改完成后必须回到原记录所在位置,且显示修改后的值; • 提交失败后必须保留用户已修改的内容,以便再次提交;在查询条件下修改返回后,如果不满足查询条件则不显示;反之,显示新增的记录; • 需对主要标识字段进行重复值、空值(空格)判断
"刷新"按钮	Refresh	单击"刷新"按钮后页面应该显示最新数据
"打印"按钮		设置不同的打印条件,查看是否按相应设置进行打印
"帮助"按钮	帮助(H)	调出程序的帮助信息
快捷键	复制(C)　　　　　Ctrl+C	Ctrl+V 用于粘贴,Ctrl+X 用于剪切,Ctrl+C 用于复制等。注意,确认快捷键是否执行其相应功能,快捷键是否与其他快捷键冲突
光标	Timesheet	• 进入页面时,光标是否停留在第一个需要输入的字段上; • 按 Tab 键,确认光标是否有序移动,一般从左到右,从上到下; • 按 Shift+Tab 快捷键,光标回退
图标		• 图标必须根据需要正确使用: • X 表示有很重要的问题需要提醒用户; • ? 用于突出显示没有危险的问题; • ! 用于强调警告用户必须知道的事情; • i 表示一般信息,可以使乏味的信息变得有趣
对话框		对于 Open、Save As、Color、Fonts、Print、Page SetUp 等对话框,只需要查看是否弹出,能否实现正常功能,里面的具体功能可以不用测试
表单	Parent Id Log : Organization : Project : Ver. : Log Title : Function Code :	• 需要查看界面显示及数据的正确性; • 重复提交表单,检查系统是否会处理

续表

控　件　名	示　　例	测　试　用　例
提示信息	User Warning COM.msg.00027 ⚠ Service Date is mandatory. 确定	● 查看提示信息的统一性，即对于不同页面对同一功能的处理，要给出同样的提示信息； ● 查看提示信息的正确性，即不同的功能给出的提示信息要正确
"排序"按钮	Company Code ▲	● 单击该字段后检查是否正常显示排序键； ● 当箭头向上时，检查数据是否正常按升序排列； ● 当箭头向下时，检查数据是否正常按降序排列； ● 如果有分页，检查是否先排好序再分页
附件	Attachment :　　　　选择文件 未选择文件	添加附件信息
"页面最小化"按钮	▭	确保页面能够最小化
"页面最大化"按钮	▯	确保页面能够最大化

4.5　测试用例的维护

开发一个软件产品的过程中，开发人员会发布多个版本。随着对测试用例（test case）的维护，测试用例不断完善并与产品功能、特性（feature）的变化保持一致，所以测试用例是和产品版本相关联的。特别是对于提供软件服务的软件产品，如果多个版本共存，为客户提供服务，那么多个版本的测试用例也是并存的。所以，在新建、修改、删除测试用例时，我们要慎重，并有相应的规则。

4.5.1　测试用例的维护妙招

对于提供软件服务的产品，其多个版本常常共存，对应的测试用例也是共存的，而且测试用例需要专人定期维护，并遵循如下原则。

● 及时删除过时的测试用例：需求变更可能导致原有部分测试用例不再适合新的需求要求。例如，如果删除了某个功能，那么针对该功能的测试用例也不再需要。所以随着需求的每一次变更，我们都要删除那些不再使用的测试用例。

● 及时删除冗余的测试用例：在设计测试用例时，可能两个或者多个测试用例测试相同的内容，这会降低回归测试效率，所以要定期整理测试用例集，及时删除冗余的测试用例。

- 增加新的测试用例：由于需求变更、用例遗漏或者版本发布后发现缺陷等，因此原有的测试用例没有完全覆盖软件需求，需要增加新的测试用例。这时候原有的测试用例只对之前的版本有效，而对新的版本无效，因此绝不能修改测试用例，只能增加新的测试用例，这一点很重要。原有的测试用例依然对之前的版本有效。

- 改进测试用例：随着开发工作的进行，测试用例不断增加，某些用例随着系统输入和当前状态的变化而变得不再适用，这些用例难以重用，影响回归测试的效率，需要进行改进，使之可重用、可控。

新旧版本的相同测试用例得到一致的维护，测试用例数也不会成倍地增加，从而真正保证测试用例的完整性、有效性。

总之，测试用例的维护是一个长期的过程，也是一个不断改进和完善的过程。

4.5.2　测试用例管理工具

无论收集需求，设计测试用例，查看测试报告，通知其他团队成员测试进度等，都需要一个测试管理工具。因为一些细节方面的小错误可能会导致重大影响，所以要使用一些适合的测试管理工具来有效地管理这些细节。表 4-49 列出了几款常用的测试用例管理工具。

表 4-49　测试用例管理工具

工 具 名 称	功 能 说 明
qTest	测试管理是敏捷测试团队常用的测试管理工具，qTest 提供易于学习、易于使用、可扩展的测试管理解决方案，使测试人员能够集中组织和加快测试管理
TestLink	专门用来管理测试用例，也可用于追踪和更新测试用例，但是不适合用于搭建测试，导入测试用例，比较适合大一点的团队，需要专门的人去维护
Testopia	一款针对 Bugzilla 的测试用例管理系统，设计的目的是跟踪产品测试的效率。Testopia 实现了测试用例和缺陷之间的互连。Testopia 采用了标准的黑盒测试流程
Fitnesse	一款协同测试和文档工具，为团队协作创建文档、指定测试和允许测试提供了一套简单的方法
Excel	用来管理和编写测试用例，但是不利于更新，步骤比较统一，没有 Freemind 方便，但是可以管理更多的测试用例，每一条都可以写得很清晰
FreeMind	一个思维导图工具，可以用来管理复杂的问题，简单又容易上手，很多的外包公司一直用这个工具编写测试用例，没有 Excel 那么枯燥

4.6 进阶要点

测试的活动中，测试用例的设计是比较重要的一个环节，测试用例主要用于指导测试人员开展具体的测试工作。

本章介绍了一些常用的测试用例设计方法，读者可以进一步了解目前还有哪些测试用例设计方法、工具。例如，PICT 这个工具可用于覆盖测试用例的设计和自动生成。

另外，除按测试用例设计和执行的基本法则开展测试工作之外，我们还可以用探索性测试方法（见图 4-31）作为补充。探索性测试直白的定义是同时设计测试并执行测试。探索性测试有时候会与即兴测试（ad-hoc testing）混淆。即兴测试通常是指临时准备的缺陷测试过程。从定义可以看出，谁都可以做即兴测试。由 Cem Kaner 提出的探索性测试，相比即兴测试是一种精致的、有思想的过程。

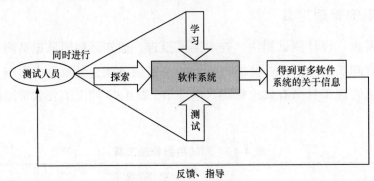

图 4-31 探索性测试方法

在对测试对象进行测试的同时学习测试对象、设计测试，在测试过程中运用获得的关于测试对象的信息来设计更好的测试用例。

探索性测试强调测试设计和测试执行的同时性，这是相对于传统软件测试过程中严格的"先设计，后执行"来说的。测试人员通过测试来不断学习被测系统，同时通过综合整理和分析关于软件系统的更多信息，想出更多测试方法。

探索性测试的基本过程如下。

（1）识别出软件系统的目的。

（2）识别出软件系统提供的功能。

（3）识别出软件系统潜在的、不稳定的区域。

（4）在探索软件系统的过程中记录关于软件的信息和问题。

（5）创建一个测试纲要，使用它来执行测试。

注意，上面的过程是一个循环的过程，并且没有很严格的执行顺序，完全可以先创建测试纲要，执行测试，然后在测试中学习软件系统，也可以先探索一下软件系统的各个区域，然后再列出需要测试的要点。

4.7 小结

本章介绍了软件测试中很重要的一项工作——测试用例设计。

拿破仑说："没有一场胜仗是按计划取得的，但我会为每一场战争制订详尽的计划。"测试计划和测试用例的编写可以帮助测试人员在面对复杂繁多的测试任务时不至于手忙脚乱。

关于测试用例的设计方法和相关技巧，读者除了学习本章内容外，还可以阅读借鉴 Glenford J. Myers 等写的《软件测试的艺术》一书。

另外，注意，测试用例设计最终考验的是测试人员的设计思维，例如，逆向思维、组合思维、全局思维、两极思维、简单思维和比较思维等，因此，读者需要多积累这方面的能力和经验。对于思维导图这类工具，测试人员也应该熟练掌握。

 至此，本书介绍了软件测试的概念、软件测试流程、软件测试的需求、如何设计测试用例，下一章介绍如何执行测试用例。

第 5 章　执行测试

5.1　软件测试技术

5.1.1　黑盒测试

什么是黑盒测试？

黑盒测试是指在已知产品所应具有的功能的情况下，通过测试检测每个功能是否都能正常使用。在测试时，把程序看作一个不能打开的黑盒子，在完全不考虑程序内部结构和内部特性的情况下，测试人员在程序接口处进行测试，它只检查程序功能是否按照需求规约的规定正常使用，程序是否能适当地接收输入数据并产生正确的输出信息，同时保持外部信息（如数据库或文件）的完整性。因此，黑盒测试也称功能测试、数据驱动测试或基于规约的测试。

黑盒测试主要针对软件界面和软件功能进行测试。

若从家到火车站有 3 条公交线，分别对应 3 路、4 路和 9 路公交车，如图 5-1 所示，黑盒测试关注的是从家到火车站有公交车，而不关心有哪几条线路，也不关心沿途经过哪些站点。

图 5-1　黑盒测试关注的内容

5.1.2　灰盒测试

什么是灰盒测试？

灰盒测试是介于白盒测试与黑盒测试之间的一种测试。灰盒测试多用于集成测试阶段，它不仅关注输出、输入的正确性，还关注程序内部的情况（通常关注模块之间的交互）。灰盒测试不像白盒测试那样详细、完整，但比黑盒测试更关注程序的内部逻辑，常常通过一些表征性的现象、事件、标志来判断内部的运行状态。

若从家到火车站有 3 条公交线，分别对应 3 路、4 路和 9 路公交车，则灰盒测试是指从家坐 3 路车，可以到达火车站；从家坐 4 路车，可以到达火车站；从家坐 9 路车，可以到达火车站。

灰盒测试关注的有两点（见图 5-2）：一是从家可以到达火车站，二是有哪几条线路。

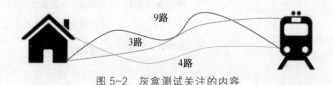

图 5-2　灰盒测试关注的内容

5.1.3　白盒测试

1. 什么是白盒测试

白盒测试是指按照程序内部的结构测试程序，通过测试检测产品内部动作是否符合设计规约，检验程序中的每条通路是否都能按预定要求正确执行。白盒测试一般用来分析程序的内部结构，对于测试者而言是透明的，测试者可以看到被测程序的源代码，并分析其内部结构。因此，白盒测试也称结构测试或逻辑驱动测试。

若从家到火车站有 3 条公交线，分别对应 3 路、4 路和 9 路公交车，则白盒测试关注从家坐 3 路车，沿途经过哪些站点才能到达火车站；从家坐 4 路车，沿途经过哪些站点才能到达火车站；从家坐 9 路车，沿途经过哪些站点才能到达火车站。

白盒测试关注的是公交是否经过每条线路的每个站点（见图 5-3）。

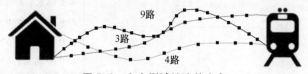

图 5-3　白盒测试关注的内容

2. 白盒测试方法

白盒测试要检查程序中的每条通路，正所谓条条大路通罗马，如何用最少的步数走完每条通路，也是有"法"可依的。

　　白盒测试方法的覆盖标准主要有逻辑覆盖和路径覆盖,其中逻辑覆盖包含语句覆盖、判定覆盖、条件覆盖、判定/条件覆盖、条件组合覆盖,如图 5-4 所示。逻辑覆盖的示例如表 5-1 所示。

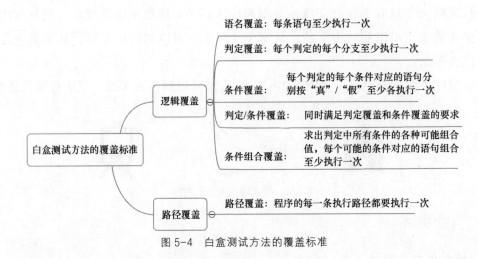

图 5-4　白盒测试方法的覆盖标准

表 5-1　逻辑覆盖的示例

覆 盖 标 准	程序结构举例	测试用例应满足的条件
语句覆盖		$a>0$ && $b>0$ 成立
判定覆盖		$a>0$ && $b>0$ 成立,$a>0$ && $b>0$ 不成立
条件覆盖		$a>0$ 成立,$a>0$ 不成立 $b>0$ 成立,$b>0$ 不成立
判定/条件覆盖		$a>0$ && $b>0$ 成立,$a>0$ && $b>0$ 不成立 $a>0$ 成立,$a>0$ 不成立 $b>0$ 成立,$b>0$ 不成立
条件组合覆盖		$a>0$ 成立,$b>0$ 成立 $a>0$ 成立,$b>0$ 不成立 $a>0$ 不成立,$b>0$ 成立 $a>0$ 不成立,$b>0$ 不成立
路径覆盖		$A \rightarrow B \rightarrow D$ $A \rightarrow C$

　　关于白盒测试相关的技术,请参考其他资料。

5.1.4 三种测试技术的异同

黑盒测试、白盒测试和灰盒测试这三种测试技术的异同如表 5-2 所示。

表 5-2 三种测试技术的异同

对比项	黑盒测试	白盒测试	灰盒测试
特征	只关注软件的外部表现，不关注内部设计与实现	关注软件的内部设计与实现	以黑盒测试为主，局部进行白盒测试
依据	软件需求规约	软件设计文档	软件需求规约、软件设计文档
测试驱动程序	无须编写额外的测试驱动程序	需要编写额外的测试驱动程序	可能需要编写额外的测试驱动程序
应用范围	功能测试	单元测试	集成测试
优点	• 比较简单，不需要了解程序内部的代码及实现 • 可测试长的、复杂的程序工作逻辑	• 测试开始的时间早 • 能够对已完成的代码程序进行详尽的测试 • 有可能捕捉到代码中的错误	• 相对于黑盒测试，灰盒测试可以尽早介入，避免过度测试，精简冗余用例。 • 相对于白盒测试，灰盒测试的成本低
缺点	• 依赖软件需求规约的正确性 • 不能捕捉到代码中的错误	• 投入大，成本高 • 不能验证规约的正确性 • 无法检测代码中遗漏的路径	• 不适用于简单的系统 • 不如白盒测试深入 • 对测试人员的要求比黑盒测试高

5.2 执行测试用例

5.2.1 搭建测试环境

什么是测试环境？

测试环境特指软件测试的环境，测试环境=硬件+软件+网络。

为什么要搭建独立的测试环境？原因如下。

- 这有利于重现开发环境无法重现的 Bug。
- 这可方便开发人员并行地修复 Bug。
- 验证安装软件的全过程。即进行安装测试，用于检查安装文件是否有错漏，软件在指定的操作系统中能否正常安装，各种配置项是否有错漏等。
- 避免环境被破坏导致测试无法进行的意外。

测试环境的搭建要求如下。

- 正确性：测试环境不仅包括硬件，还包括软件；不仅包括客户端、服务器，还包括网络环境、测试数据等。
- 可靠性：将性能测试环境和功能测试环境分开，因为进行性能测试时，对功能环境影响较大。即使进行功能测试，最好也建立两套环境，这可以提高测试效率。
- 多样性和复杂性：对于软件，应尽量满足客户的环境需求，所以客户端应用的测试环境具有多样性，涉及操作系统、浏览器、代理服务器/防火墙等。

测试环境搭建案例（以 C-S 架构为例）如图 5-5 所示。

- 在 Linux 环境下，安装 Oracle 数据库。
- 在 Linux 环境下，安装 JDK、Maven。
- 在 Linux 环境下，新建 nBIS DB。
- 在 PC 端，安装 nBIS 客户端。

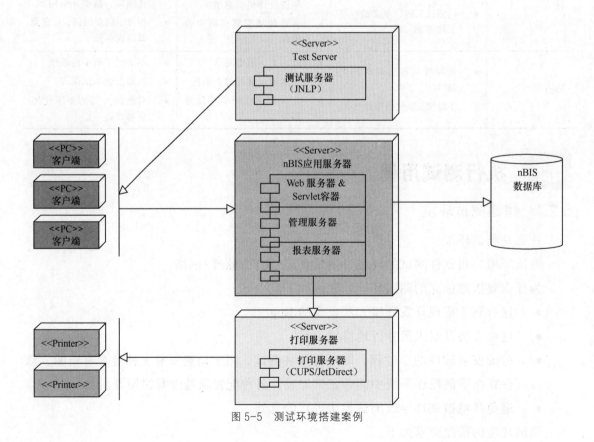

图 5-5　测试环境搭建案例

5.2.2　测试版本的控制

版本控制就是指对测试版本有明确的标识、说明，并且测试版本的交付在项目管理人员的控制之下。

版本控制的作用如下。

一方面，标记历史上产生的每个版本的编号和测试状态；另一方面，保证测试人员得到的测试版本是最新的版本。

如何有效地进行版本控制？建议从如下方面进行控制。

- 制订合理的版本发布计划，并加强版本控制管理。
- 强化测试准入条件。
- 强化 Bug 管理。
- 做好版本控制的文档管理工作。
- 拥有积极解决问题的态度。

5.3　执行测试的技巧

5.3.1　功能测试

功能测试就是对产品的各功能进行验证，根据功能测试用例，逐项测试，检查产品是否具有用户要求的功能。

功能测试也称黑盒测试，它是指通过测试来检测每个功能是否都能正常使用。在测试时，把测试对象（程序）看作一个不能打开的黑盒子，在完全不考虑程序内部结构和内部特性的情况下，在程序接口处进行测试，它只检查程序功能是否按照需求规约的规定正常使用，程序是否能适当地接收输入数据并产生正确的输出信息。黑盒测试着眼于程序外部结构，不考虑内部逻辑结构，主要针对软件界面和软件功能进行测试。

功能测试的类型包括界面测试、功能测试、业务流程测试、周期测试。

功能测试的目标在于核实程序能否正确地接收、处理和检索数据以及业务规则是否正确实施，确保程序的功能正常，其中包括导航、数据输入、处理和检索等。这种类型的测试基于黑盒方法，即通过图形用户界面（GUI）与程序交互并分析输出结果来验证程序及其内部进程。为了提高软件的质量，需要对软件进行全面的测试，需要尽可能查找软件中存在的缺陷，从而排除这些缺陷，提高软件质量。

程序在功能测试后应满足以下要求。

- 程序符合需求文档中列出的全部要求。
- 程序包括了功能规约指定的全部功能点。
- 程序能够正确处理期望的和异常的使用场景。

功能测试的流程如下。

（1）分析功能需求，建立功能数据测试模型。

（2）制订测试计划，确定测试环境、测试人员等。

（3）设计功能测试用例。

（4）建立测试环境、执行测试用例，记录测试时系统中各个可能的参数。

（5）根据程序的表现和测试时的记录，分析发生的问题和测试结果。

（6）修改程序，验证功能的正确性以及对相关功能模块正确性的影响。

（7）对测试进行总结，记录已改进的问题及相关的修改，确定未解决问题的处理方案，提出运行、维护和改进建议。

下面分析码头系统客户维护案例。

码头系统客户维护界面如图 5-6 所示。

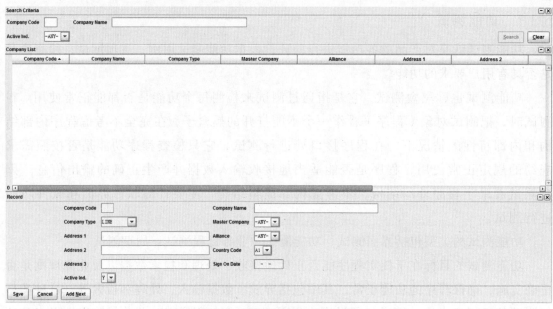

图 5-6　码头系统客户维护界面

对此界面中"新增"功能的案例分析如表 5-3 所示。

表 5-3 "新增"功能的案例分析

功能点描述	测试需求编号	测试需求名称	测试需求描述
单击 Add 按钮可以新增客户信息。 若输入正确数据，系统可以保存成功，并允许继续添加；若输入错误数据，系统提示错误，不允许保存，用户可以修改数据继续添加。 对于同一客户，只能存在一条记录；新增成功后用户可以在 Company List 中找到客户信息	R1-001	界面测试	● 检查界面布局，排列是否恰当； ● 检查内容是否正确； ● 检查对必填项的处理
	R1-002	输入域测试-数据长度	检查每个输入字段的数据长度是否符合要求
	R1-003	输入域测试-默认值	检查每个默认值的数据是否符合要求
	R1-004	输入域测试-必填项	检查对每个必填项的处理是否符合要求
	R1-005	输入域测试-日期	检查日期的输入是否符合要求
	R1-006	输入域测试-下拉列表	检查下拉列表里的数据是否符合要求
	R1-007	业务逻辑测试-新增成功	输入正确数据并单击 Save 按钮，检查数据是否保存成功
	R1-008	业务逻辑测试-继续添加	输入正确数据单击 Add Next 按钮，检查数据是否保存成功并显示新增界面
	R1-009	业务逻辑测试-新增失败	输入错误数据单击 Save 按钮，检查系统是否提示并保存失败
	R1-010	业务逻辑测试-新增失败后修改	输入错误数据单击 Save 按钮，检查系统是否停留在此界面并允许用户修改与保存
	R1-011	业务逻辑测试-取消新增	输入数据单击 Cancel 按钮，检查系统是否取消保存新增的客户信息
	R1-012	业务逻辑测试-新增已有客户	新增已有客户并单击 Save 按钮，检查系统是否提示重复并不允许新增该客户信息
	R1-013	输出结果校验	新增客户成功后用户可以在 Company List 中找到；若新增客户不成功，用户不能在 Company List 中找到

5.3.2 安全性测试

安全性测试是在软件产品的生命周期中，特别是产品开发基本完成到发布阶段，对产品进行检验以验证产品符合安全需求定义和产品质量标准的过程。

在安全性测试过程中，测试人员扮演着试图攻击系统的个人角色。测试人员可以尝试通过外部的手段来获取系统的密码，可以使用瓦解任何防守的客户软件来攻击系统；可以使系统崩溃；可以有目的地引发系统错误，期望在系统恢复过程中入侵系统；可以通过浏览非保密的数据，找到进入系统的密钥等。

　　只要有足够的时间和资源，测试人员通过充分的安全性测试就能够入侵一个系统。系统设计者的任务就是要把系统设计为想要攻破系统而付出的代价大于攻破系统之后得到的信息的价值。

　　关于用户程序安全，要注意以下方面。

● 明确区分系统中不同用户权限。
● 验证系统中会不会出现用户冲突。
● 验证系统会不会因用户权限的改变造成混乱。
● 验证用户登录密码是否可见、可复制。
● 验证是否可以通过绝对途径登录系统。
● 验证用户退出系统后是否删除了所有鉴权标记，是否可以使用后退按钮而不通过输入密码进入系统。

　　关于系统网络安全，要注意以下方面。

● 测试采取的防护措施是否正确采用，有关系统的补丁是否修复。
● 模拟非授权攻击，看防护系统是否坚固。
● 采用成熟的网络漏洞检查工具检查系统的相关漏洞。
● 采用各种木马检查工具检查系统木马。
● 采用各种防外挂工具检查系统中各组程序的外挂漏洞。

　　关于数据库安全，要注意以下方面。

● 验证系统数据的机密性。
● 验证系统数据的完整性。
● 验证系统数据可管理性。
● 验证系统数据的独立性。
● 验证系统数据的可备份性和恢复能力。

　　安全性测试的要点如表 5-4 所示。

表 5-4　安全性测试的要点

测试项	说明
URL	● 不登录系统，直接输入登录后页面的 URL，验证是否可以访问 ● 不登录系统，直接输入下载文件的 URL，验证是否可以下载文件 ● 退出登录后，单击后退按钮验证是否访问之前的页面 ● 手动更改 URL 中的参数值，验证是否能访问没有权限访问的页面 ● 验证 URL 里不可修改的参数是否可以修改

续表

测试项	说明
URL	• 验证某些需登录后或特殊用户才能访问的页面是否可以通过直接输入网址的方式访问 • 对于带参数的网址，恶意修改其参数（若为数字，则输入字母，或很大的数字，或输入特殊字符等）后，验证打开的网址是否出错，是否可以非法访问某些页面 • 若搜索页面等 URL 中有关键字，输入 HTML 代码或 JavaScript 代码看是否在页面中显示或执行 • 输入善意字符 • 验证在 URL 中输入 http://url/download.jsp?file=c:\windows\system32\drivers\etc\hosts 和 http://url/ download.jsp?file=/etc/password 是否可以下载
用户名和密码	• ID/密码验证方式中，验证能否使用简单密码 • ID/密码验证方式中，验证同一个账号在不同的机器上不能同时登录 • ID/密码验证方式中，验证连续数次输入错误密码后该账号是否被锁定 • 验证重要信息（如密码、身份证号码、信用卡号等）在输入或者查询时是否以明文显示 • 验证新增或修改重要信息（密码、身份证号码、信用卡号等）时是否有自动补全功能
上传	• 上传与服务器端语言（JSP、ASP、PHP）扩展名一样的文件或 exe 等可执行文件后，确认在服务器端可直接运行 • 上传文件的大小的限制 • 上传文件的格式的限制 • 上传木马病毒等后系统的反应
操作时间的失效性	• 检测系统是否支持操作失效时间的配置，如果在指定的时间内没有对界面进行任何操作，检测系统是否会使用户退出，并要求用户重新登录系统 • 支持操作失效时间的配置。若用户在指定的时间内没有对界面进行任何操作，则该应用自动失效
其他方面	• 同一个浏览器中打开两个页面，一个页面权限失效后，验证对另一个页面是否可操作成功 • 当页面没有 CHECKCODE 时，查看页面源代码，是否有令牌。如果页面完全是展示页面，它是不会有令牌的 • 验证是否对会话的有效期进行处理 • 验证错误消息中是否含有 SQL 语句，SQL 错误信息以及 Web 服务器的绝对路径等

1. 网站安全性案例分析

跨站点脚本注入正常访问方式是访问****://XXXX.***/main/position_detail.php?channel=xy&type=7&id=75（这里隐藏了真实网址）。

使用注入访问方式链接****://XXXX.test.***/main/position_detail.php?channel=xy&type=7"/><script>alert(334)</script>&id=75。

注入访问方式的效果如图 5-7 所示。

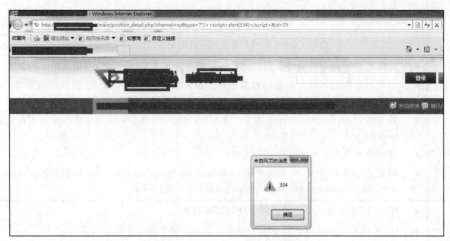

图 5-7　注入访问方式的效果

这里将参数值设置为<script>alert(__VAR_ID__)</script>。

将 "7"/><script>alert(334)</script>" 注入参数 type 的值后，这个更改已应用到原始请求。

测试结果似乎指示存在漏洞，因为在响应中成功嵌入了脚本，在用户浏览器中载入页面时将执行该脚本。

2. 权限控制案例分析

接下来，介绍某系统的权限控制案例。

进入 User Administration 模块，我们可以看到此模块包含三个条目。其中 User Maintenance 和 User Group Maintenance 主要用于权限控制。

首先，在左侧窗格中，选择 User Administration→User Maintenance，打开 User Maintenance 界面，如图 5-8 所示。

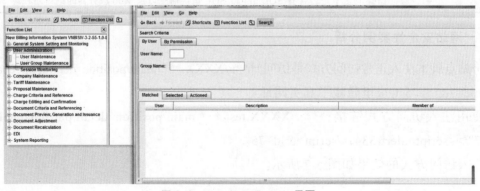

图 5-8　User Maintenance 界面

在 User Maintenance 界面中，单击 Create 按钮，系统弹出 Create User 界面，添加用户 test 的数据，如图 5-9 所示。

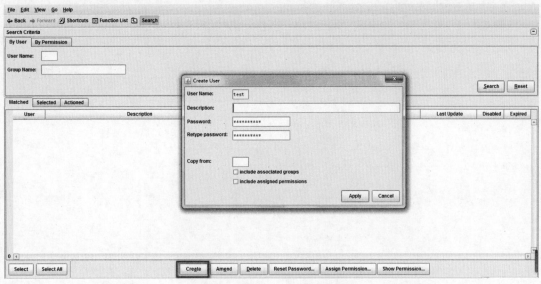

图 5-9　添加 test 用户的数据

在 Create User 界面中，单击 Apply 按钮，用户 test 创建成功，如图 5-10 所示。

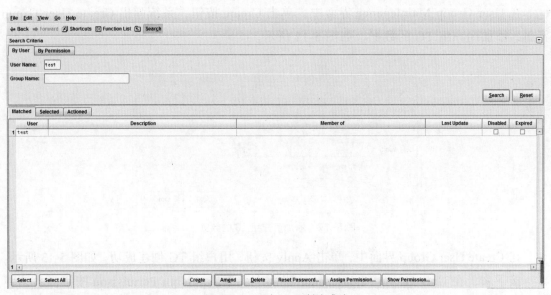

图 5-10　用户 test 创建成功

然后，选择 User Administration→User Group Maintenance，打开 User Group

Maintenance 界面, 如图 5-11 所示。

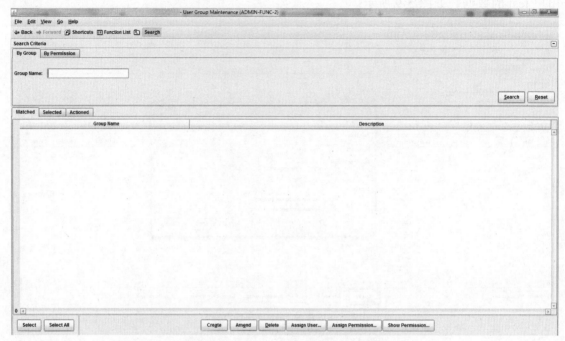

图 5-11 User Group Maintenance 界面

在 User Group Maintenance 界面中, 单击 Create 按钮, 系统弹出 Create User Group 界面, 添加用户组 TG 的数据, 如图 5-12 所示。

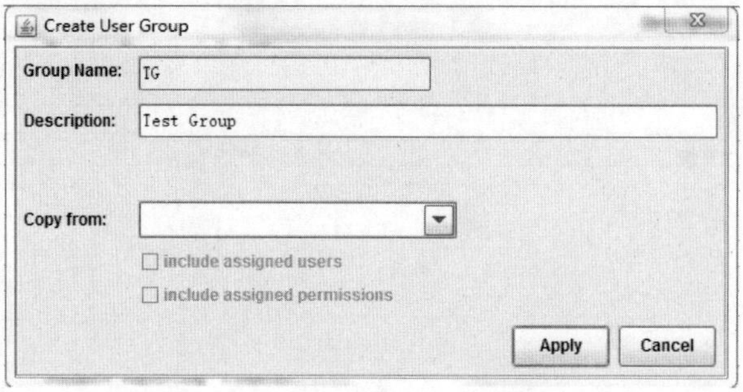

图 5-12 添加用户组 TG 的数据

在 Create User Group 界面中, 单击 Apply 按钮, 用户组 TG 创建成功, 如图 5-13 所示。

接下来, 在 User Group Maintenance 界面中, 单击 Assign Permission 按钮, 系统弹出 Assign Group Permission 界面, 为不同的用户组分配不同的权限, 例如, 分配 User Administration 界面的相关权限给 TG 用户组, 如图 5-14 所示。

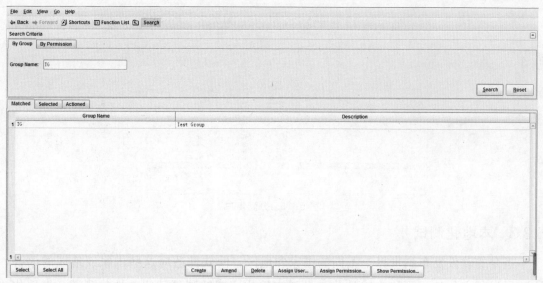

图 5-13　用户组创建成功

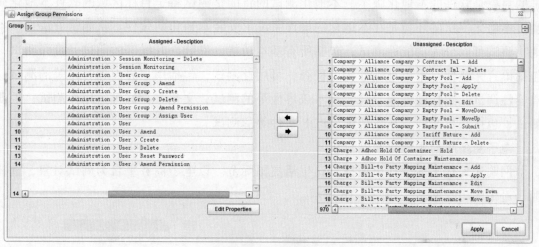

图 5-14　分配权限

最后，在 User Group Maintenance 界面中，单击 Assign User 按钮，系统弹出 Assign Users 界面，为不同的用户组分配不同的用户，例如，分配 test 用户给 TG 用户组，如图 5-15 所示。

通过以上步骤，我们就可以使不同用户登录系统时拥有不同的权限。

按照上述例子将 test 用户分配给 TG 用户组后，test 用户登录系统就能看到 User Administration 的相关界面。

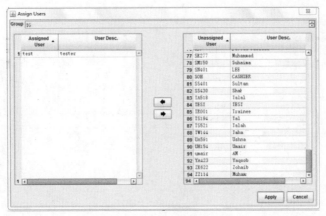

图 5-15　分配用户

5.3.3　本地化测试

当今的软件发布到世界上不同的国家和地区，使软件适应这些国家或地区的语言、地区习俗和文化的过程称为本地化。针对本地化完成的测试就叫本地化测试。本地化测试的对象是软件的本地化版本。本地化测试的目的是测试特定目标区域的软件本地化质量。本地化测试的环境是在本地化的操作系统上安装本地化的软件。从测试方法上，本地化测试可以分为功能性测试，包括所有基本功能、安装、升级等的测试；翻译测试，包括语言完整性、术语准确性等的检查；可用性测试，包括用户界面和时区等的测试；兼容性调试，包括硬件兼容性、版本兼容性等的测试；文化、喜好等适用性测试；手册测试，包括联机文件、在线帮助、PDF 文件等的测试。

电子商务平台本地化案例分析

网购让现代人的生活更便捷，让生活更国际范。以电子商务平台为测试对象，选择亚马逊中国门户网站，如图 5-16 所示。

图 5-16　亚马逊中国门户网站

本地化测试用例设计如表 5-5 所示。

表 5-5 本地化测试用例设计

测试要点	测试用例描述	期望测试结果
语言本地化	单击菜单或按钮，进入对应的页面，验证对商品的描述，显示的用户评价，弹出的信息或提示等	确保显示的语言没有乱码、错别字，语句顺畅，过滤了敏感词汇
内容本地化	检查网站帮助，提供客服热线，出售的货物符合中国国情，输入信息（电话号码、邮编、身份证号、地址、日期时间等）符合中国国情	为网站咨询提供的热线是中国境内的，能正常输入符合中国国情的信息
排版本地化	检查页面文字、图片排版方式	中文采用从左到右、自上而下的读取方式
文本扩展	当翻译为中文时内容如果增加很多，就会出现文本扩展，检查页面常用控件或按钮，以及文本换行	按钮文本自动换行，或者按钮长度自动扩展，但窗口布局没有发生变化
配置和兼容性	配置包括不同的外设，例如键盘布局、打印机等等。用不同的浏览器访问亚马逊中国门户网站	保证使用没问题，如打印机能打印出软件发送的所有字符，按照正确的格式打印。不同浏览器的网页内容都能正常显示

5.3.4 App 测试

随着移动互联网的蓬勃发展，App 对生活的影响越来越大。每个人手机里都有各种App。在测试角度上，App（C-S 架构）和 Web（B-S 架构）系统有什么不一样？以下会给出你想要的答案。

在这里，我们先了解一下 C-S（客户-服务器）架构（见图 5-17）和 B-S（浏览器-服务器）架构（见图 5-18）的概念。

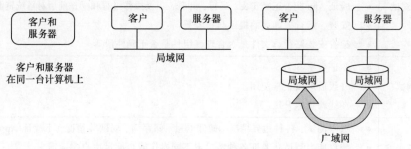

图 5-17 C-S 架构

大家经常使用的微信、MSN 就属于 C-S 架构，如果你想在手机上使用微信聊天，就必须下载、安装一个微信客户端，然后通过互联网连接到腾讯公司的微信服务器，才能登录并且使用微信。

图 5-18　B-S 架构

　　另外，大家经常使用的新浪、搜狐等门户网站，以及 163 邮箱属于 B-S 架构，我们只需要在 IE 浏览器的地址栏输入这些网站的 URL，就可以访问并且使用服务器端的程序。

　　从功能层面来讲，App 的测试流程和 Web 系统是一样的，只是因为载体不一样，所以系统测试和一些细节可能会不一样。

　　表 5-6 展示了 App 常见的测试点。

表 5-6　App 常见的测试点

功能性测试	根据产品需求文档编写测试用例
兼容性测试	<ul><li>Android 版本的兼容性。</li><li>手机分辨率的兼容性。</li><li>网络（2G\3G\4G\Wi-Fi 网络，弱网下，断网时）的兼容性。</li><li>App 跨版本的兼容性</li></ul>
适配性测试	<ul><li>对手机不同分辨率的支持。</li><li>对手机不同版本的支持。</li><li>对手机不同厂家系统的支持。</li><li>对手机不同尺寸的支持</li></ul>
安装、卸载测试	<ul><li>生成的 apk 文件在真机上可以安装及卸载。</li><li>Android 手机端通用工具可以安装。</li><li>验证 App 能否正确安装、运行、卸载，以及操作过程和操作前后对系统资源的占有情况。</li><li>安装、运行、卸载的提示与报告等。</li><li>检查安装路径、文件是否合理，组件是否正确注册等</li></ul>
在线升级测试	<ul><li>验证数字签名。</li><li>升级后可以正常使用。</li><li>在线跨版本升级</li></ul>
性能测试	<ul><li>极限测试：各种边界情况（如低电量、储存满、弱网等情况）下验证 App 的响应能力。</li><li>响应能力测试：验证各种情况下不同操作能否满足用户响应需求。</li><li>压力测试：长期操作下，验证系统该资源的使用情况</li></ul>
网络测试	<ul><li>外网测试主要用于模拟客户使用网络环境，检验程序在实际网络环境中使用情况及进行业务操作。</li><li>外网测试主要覆盖到 Wi-Fi/2G/3G/4G 网络，.NET/WAP，电信/移动/联通，并对所有可能的组合进行测试</li></ul>

续表

接口测试	• 客户端和服务器端的交互。 • 验证客户端的数据更新和服务器端的数据是否一致。 • 客户端更新时断开。 • 客户端更新时断开服务器
异常测试	客户端和手机的交互异常性测试，包括被打扰的情况，来电、来短信、低电量等，还要注意手机端硬件上待机、插拔数据线、耳机等操作不会影响客户端
安全性测试	• 软件权限：其中包括发送信息，拨打电话，连接网络，访问手机信息、联系人信息等。 • 数据在本地的存储、传输等。 • 执行某些操作时导致的输入有效性验证、授权、数据加密等方面。 • 基于各种通信协议或者行业标准来检查

测试的产品千变万化，但测试的思路是不变的。不管是 Web 还是 App，只要理解其原理，就能在测试中如鱼得水。

微信语音通话功能案例分析

测试手机在异常情况下的微信语音通话功能。

表 5-7 展示了微信语音通话功能的测试用例。

表 5-7　微信语音通话功能的测试用例

用例编号	测试场景
Case_001	在弱网、断网等网络异常的情况下进行语音通话
Case_002	在低电量时进行语音通话
Case_003	在语音通话时有手机来电
Case_004	在拨打语音通话时，对方正在进行语音通话
Case_005	在语音通话时收到手机短信
Case_006	在语音通话时插拔数据线
Case_007	在语音通话时插拔耳机

5.3.5　自动化测试

什么是自动化测试？

自动化测试是把以人为驱动的测试行为转化为机器执行的一种过程。通常，在设计测试用例并通过评审之后，由测试人员根据测试用例的描述一步步执行测试，比较实际结果与期望结果。在此过程中，为了节省人力、时间或硬件资源，提高测试效率，便引入了自动化测试的概念。

自动化测试的过程如下。

（1）计划测试。

（2）测试设计。

（3）创建自动化脚本。

（4）创建测试场景。

（5）运行测试场景。

（6）分析结果。

哪些测试可以使用自动化测试？

功能测试和性能测试（常见的负载和压力测试）都可以使用自动化测试。功能测试和性能测试的对比如表 5-8 所示。

表 5-8　功能测试和性能测试的对比

	使 用 条 件	工　　具	手工测试/自动化测试交互
性能测试	要向系统输入大量的相似数据来测试压力和报表	LoadRunner/QALoad/ E-Test Suite	若采用手工测试，需要插入大量的数据
功能测试	● 适用于产品型的项目，每个项目只改进少量的功能，但对每个项目必须反反复复地测试那些没有改动过的功能 ● 增量式开发，持续集成项目 ● 回归测试是自动化测试的强项	WinRunner/Rational Robot/QARun	若采用手工测试，需要反复测试功能点

"双十一"案例分析

每年的 11 月 11 日，大量消费者同时在淘宝网上提交订单，这是对阿里巴巴后台服务器的一次重大考验。这里就分析电商平台的负载测试。

以购物车页面的负载测试为例，进入购物车页面前，测试同时单击"购物车"按钮的响应时间；进入购物车页面后，测试同时单击"提交订单"按钮的响应时间。

表 5-9 展示了负载测试场景用例。

表 5-9　负载测试场景用例

	工　　具	并发用户数	期望响应时间
同时单击"购物车"按钮	LoadRunner	100000	短于 5s
		200000	短于 10s
		300000	短于 15s

续表

	工　具	并发用户数	期望响应时间
同时单击"提交订单"按钮	LoadRunner	100000	短于 5s
		200000	短于 10s
		300000	短于 15s

5.4 如何处理漏测问题

缺陷遗漏是令客户和所有项目人员头痛的一个问题。虽然缺陷是不可能被完全消灭的，也就是说，在发布产品前测试人员不能将全部缺陷都找出来，但尽可能地减少缺陷遗漏，是一件很有意义的事情。为了减少缺陷遗漏，我们该怎么做呢？

5.4.1 火眼金睛辨漏测

漏测是指测试人员测试过的软件仍存在 Bug 的现象。由于软件的特殊性，漏测现象经常发生，当发现漏测的 Bug 时，相关的测试人员与开发人员需要进行漏测分析，分析这些 Bug 的严重性、发生的概率，测试用例是否存在缺失，开发人员更改代码后的影响分析是否全面等。重要的是找出漏测的根源，避免同类问题反复出现。因此，分析那些有代表性的、严重的 Bug，改进软件测试的方法或流程，对于预防漏测是非常有意义的。

5.4.2 孜孜以求防漏测

对于测试来说，遗漏缺陷是一个很敏感的话题。每一位测试人员都不希望自己测试过的模块存在漏测的 Bug，但是在实际工作中，测试过的模块常会存在这样那样的漏测问题。对于漏测问题，我们该如何客观对待，并从中吸取经验教训？

1. 需求是根本依据

测试通常按测试用例来执行，但是测试用例的编写是依据用户需求、功能需求规约、界面设计样式等进行的。写测试用例的时候难免有考虑不到的地方，因此我们要反复阅读文档，尽可能多地联系各种功能。在项目后期（回归测试阶段），更要细心，结合这些文档，再测试一下基本功能，以基本功能为主线，做好相关回归测试用例的执行。例如，参考项目的功能需求说明书，再检查一下功能点是否覆盖到，覆盖到的是不是和需求一致等。

2. 用文档记录需求变更

对于一个项目，最终产品和最初的用户需求总会有一些不同。也就是说，需求变动是一个项目中必不可少的部分，而这些变动通常是通过邮件或者电话或者聊天工具确定的，因此需要把这些变动用文档记录下来，然后让一些逻辑业务变动有据可循。反复阅读这些需求变动，我们可以更深入地理解业务。

3. 养成阅读别人缺陷的习惯

当阅读别人的缺陷时，不知道我们会不会有这样的感想？

- 为什么我没有这样想？
- 为什么同样的功能我没有这么操作？

因为每个人的思路、考虑问题的角度和操作习惯各不相同，所以发现的问题就会不一样。多阅读别人的缺陷可以拓宽思路。看多了，我们就会不自觉地把多种思路集中到一起，慢慢地应用到测试实践中。

4. 做回归测试，多和开发人员沟通

在回归阶段，除要回归前面发现的 Bug 之外，还要回归那些与 Bug 相关的模块，这样的教训是在项目中总结出来的，所以千万不能忽视。一个小小的参数变动可能引起不同操作系统、不同浏览器的波动，继而造成更多 Bug 的遗漏。这是需要开发人员与测试人员去沟通的，开发人员熟知代码，知道改动的地方会被哪些模块调用或者会引起哪些变化，因此开发人员需要告知测试人员测试的关注点。开发人员也最清楚哪个模块的单元测试不够充分，哪个逻辑结构比较复杂，和他们多交流，测试人员也可以知道哪里还需要多关注一下。在开发人员与测试人员紧密的合作下，这种 Bug 的遗漏会减少很多。

5.4.3 入木三分解漏测

进行漏测分析的目的，就是提高软件的质量，满足用户需求，使开发与测试过程不断改进和提升。在进行漏测分析之前，先要收集漏测问题。通过分析开发和测试过程中漏测的缺陷，制定相应的改进方案以避免今后再出现类似的问题。一般由项目经理、开发团队和测试团队一起参与漏测分析，开发团队需要分析清楚问题发生的根源；测试团队需要分析清楚为什么漏测，是用例遗漏，还是其他什么原因等。然后分别进行发言、讨论防控漏测的方法，以及改进开发和测试流程的措施等，形成统一的解决方案。

漏测的影响是很大的，一旦缺陷被最终用户发现，可能会造成用户投诉，开发团队常需发布紧急的补丁版本来修复这些缺陷。但是，如果我们能够将漏测的问题进行分类、汇总、分析，就能在开发和测试过程中发现更多的 Bug，使最终用户那里出现的 Bug 尽可能少，这将大大降低软件的风险。

5.4.4　尽心尽力跟漏测

漏测分析活动结束，对漏测问题确定解决方案后，接下来就该对这些解决方案进行实施了。为了方便跟踪，最好列出跟踪表，关键点是责任人与完成时间。列跟踪表有助于更加有效地解决我们在软件开发过程中发现的问题。

5.5　进阶要点

本章总结了测试执行过程中的一些技术和方法。关于一个软件需要从哪几个方面进行完整的测试，读者可以参考 ISO 质量模型。ISO 9126 软件质量模型是评价软件质量的国际标准，由 6 个特性（27 个子特性）组成，如图 5-19 所示。

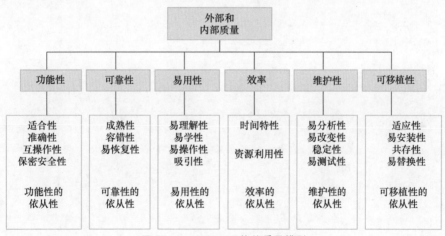

图 5-19　ISO 9126 软件质量模型

建议读者深入理解各特性、子特性的含义和区别，在测试工作中结合这些特性、子特性去测试、评价一个软件。这个模型是软件质量标准的核心，对于大部分的软件，我们都可以考虑从这几个方面着手进行测评。

另外，在每个细分的测试类型中，都有相应的技术和工具等实践，建议读者进一步寻找各种学习资料。例如，关于性能测试的细分领域，我们可以参考《应用程序性能测试的艺术》这本书；关于安全性测试，OWASP 的网站上有各种指南。

5.6 小结

本章总结了常用的测试技术和方法，以及测试用例执行过程中的一些技巧。注意，测试涵盖的范围非常广泛，仅仅是性能测试、安全性测试、自动化测试、APP 测试中的任何一项，都可以单独用一本书来阐述，因此需要读者逐步深入学习。

另外，读者在学习测试的细分领域的知识时，不要仅仅局限于测试方法、工具的学习，同时要了解软件工程、开发、运维等领域的知识。例如，在学习性能测试时，除掌握 LoadRunner、JMeter 等性能压测工具之外，还需要多学习数据库、中间件、操作系统、网络等领域的知识，才能充分发挥测试的价值，优化和提升软件质量水平。

至此，本书介绍了软件测试概念、软件测试流程、软件需求、测试用例设计、测试用例执行，下一章讲述测试执行过程中 Bug 的管理。

第 6 章　缺陷管理

6.1　缺陷管理精要

6.1.1　探秘软件缺陷

少颗纽扣是衣服的缺陷。少块甲板是船只的缺陷。软件缺陷如图 6-1 所示。

软件缺陷是计算机软件或程序中存在的某种破坏正常运行能力的问题、错误或者隐藏的功能缺陷。缺陷有轻有重，轻的破坏性很小，重的破坏性巨大，要修复。

缺陷的存在会导致软件产品在某种程度上不能满足用户的需求。

IEEE729-1983 对缺陷有一个标准的定义：从产品内部看，缺陷是软件产品开发或维护过程中出现的各种问题；从产品外部看，缺陷是系统所需要实现的某种功能的失效或欠缺。

图 6-1　软件缺陷

缺陷一般分为三种类型。

- 完全没有实现功能。比如用户需要软件具备 A、B、C 三个功能，软件只实现了 A、B 两个功能，没有实现 C 功能，这就是功能上的缺陷。
- 基本实现了用户的功能，但运行时会出现一些性能错误。比如打开某一页面的时间要求是在 5s 内，现在打开此页面需要 20s，这就是性能上的缺陷。
- 实现了用户不需要的功能，即多余的功能。比如用户需求软件具备 A、B、C 三个功能，但软件实现了 A、B、C、D 四个功能，多余的 D 功能可以看作一个缺陷。

【案例 6-1】

某网站的"提交订单"按钮在 IE 浏览器上有效，但是在谷歌、火狐浏览器上失效。这是软件的缺陷，属于兼容性问题。

【案例 6-2】

有错别字，界面设计不合理，系统崩溃，与需求不符合，用户体验差……这些都是软件的缺陷。

软件缺陷，常常又叫作 Bug，Bug 本来是只虫子，它是怎么成为软件缺陷的呢？这得从一个故事说起……

咕噜咕噜说故事

Bug 一词的创始人格蕾丝·赫柏（Grace Hopper）是一位为美国海军工作的计算机专家，也是最早将人类语言融入软件程序的人之一。而代表计算机程序出错的"Bug"正是由赫柏取的。

1947 年 9 月 9 日，赫柏为 Harvard Mark Ⅱ设置好 17000 个继电器并编程后，技术人员正在进行整机运行时，它突然停止了工作。于是，技术人员爬上去找原因，发现这台巨大的计算机内部一组继电器的触点之间有一只飞蛾。显然，飞蛾受光和热的吸引，飞到了触点上，然后触电而死。所以在报告中，赫柏用胶条贴上飞蛾，并用 Bug 来表示"在计算机程序里的一个错误"，然后 Bug 这个说法一直沿用至今。

与 Bug 相对应，人们将发现 Bug 并加以纠正的过程称为 Debug（调试），即"捉虫子"或"杀虫子"。

6.1.2　Bug 的生命之旅

人有生命周期，从呱呱坠地，到青春壮年，再到垂垂老矣，Bug 也有自己的生命周期。从测试人员发现 Bug，它就诞生了，修复、关闭后它就结束了。

Bug 在其生命周期中会处于许多不同的状态，其状态如表 6-1 所示。

表 6-1　Bug 的状态

状　　态	说　　明
新建（New）	测试人员识别 Bug
待解决（Open）	测试经理分析 Bug，并分配给开发经理

状　　态	说　　明
分配（Assign）	开发经理将 Bug 分配给开发人员
已修复（Fixed）	开发人员修复完 Bug
关闭（Closed）	测试人员验证通过（有些公司将验证通过称为 Pass）
待解决（Reopen）	测试人员验证失败，则返回"待解决"（有些公司将验证失败称为 Fail）
延迟（Postpone）	推迟修改
拒绝（Rejected）	开发人员认为不是程序问题，拒绝修改
重复（Duplicate）	已经提交过此 Bug
取消（Cancel）	测试经理发现 Bug 重复或证实不是 Bug

Bug 管理流程如图 6-2 所示。

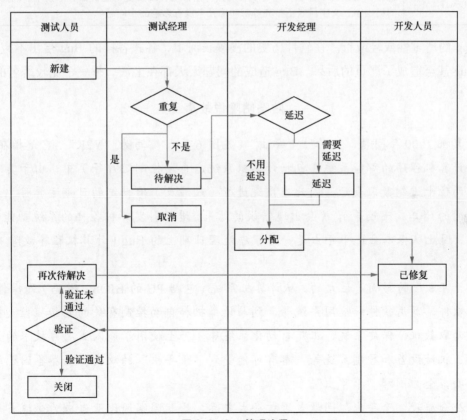

图 6-2　Bug 管理流程

6.1.3　Bug 的严重程度

按照对软件产品的影响程度，Bug 的严重程度一般可分为致命、严重、一般、轻微 4 个级别。

如何判断一个 Bug 的严重程度呢？Bug 的严重程度判断标准如表 6-2 所示。

表 6-2　Bug 的严重程度判断标准

Bug 的严重程度	描　述
致命（Critical）	系统的主要功能完全丧失，用户数据受到破坏、丢失，系统崩溃、死机等
严重（High）	系统的主要功能部分丧失，不能保存数据，系统所提供的功能或服务受到明显的影响，如用户不能登录等
一般（Medium）	系统的部分功能没有完全实现，但不影响用户的正常使用，如提示信息不够准确、用户界面不友好或操作时间长等
轻微（Low）	给操作者造成不方便，但它不影响执行正常流程或重要功能，如有个别不影响产品理解的错别字，文字排版不整齐等对功能几乎没有影响的小问题

Bug 的严重性或轻或重。在软件历史的漫漫长河中，各式各样的 Bug 层出不穷，其中不少 Bug 甚至造成了严重的后果。Bug 造成的问题天天都在上演，举一个比较著名的例子。

咕噜咕噜说故事

计算机 2000 年问题，又称“千年虫”（见图 6-3），缩写为“Y2K”。它是指在某些使用了计算机程序的智能系统（包括计算机系统、自动控制芯片等）中，由于其中的年份只用两位十进制数来表示，因此当系统进行（或涉及）跨世纪的日期运算时（如多个日期之间的计算或比较等），就会出现错误的结果，进而引发各种各样的系统功能紊乱甚至崩溃。因此从根本上说千年虫是一种程序处理日期上的 Bug（计算机程序故障），而非病毒。

“千年虫”的影响是巨大的。从计算机系统（包括 PC 的 BIOS、微码）到操作系统、数据库软件、商用软件和应用系统等，到与计算机和自动控制有关的电话程控交换机、银行自动取款机、保安系统、工厂自动化系统等，乃至使用了嵌入式芯片技术的大量电子电器、机械设备和控制系统等，都有可能受到“千年虫”的攻击。世界各国已纷纷由政府出面，全力围歼“千年虫”。

在公众质疑“千年虫”问题是否被夸大之际，西非国家冈比亚却成为全球首个受千年虫严重影响的国家。除不少地方电力供应中断外，之后数月，该国的海空交通、金融和政府服务亦大受影响，其中财政部、税局和海关更因而无法运作。总部设在华盛顿的国际千年虫合作中心表示，冈比亚出现千年虫祸，其实是意料中的事，皆因国际社会太迟帮助冈比亚除虫。

图 6-3　千年虫

6.1.4　Bug 的优先级

 这里有好多个 Bug，先解决哪一个？

Bug 的优先级是指 Bug 必须修复的紧急程度，一般分为四类，如表 6-3 所示。

表 6-3　Bug 的优先级

Bug 的优先级	描　　述
非常紧急（P1）	导致系统几乎不能使用或测试不能继续，必须立即修复
紧急（P2）	非常严重，影响测试，需优先修复
一般（P3）	Bug 需要正常排队，等待修复或列入软件发布清单
不紧急（P4）	Bug 可以在开发人员有空闲的时候修复

一般来说，严重程度高的 Bug 具有较高的优先级，严重程度高说明 Bug 对软件质量造成的危害性大，需要优先处理；而严重程度低的 Bug 可能说明软件不太尽善尽美，可以稍后处理。

但是，严重程度和优先级并不始终一一对应。有时候严重程度高的 Bug 的优先级不一定高，甚至不需要处理，而一些严重程度低的 Bug 需要及时处理，具有较高的优先级。

- **严重程度高的 Bug 的优先级不一定高。**如果某个严重的 Bug 只在非常极端的条件下产生，则没有必要马上处理。如果修复某一个 Bug，需要重新修改软件的整体架构，可能会产生更多的潜在 Bug，而且软件由于市场的压力必须尽快发布，即使 Bug 的严重程度高，但是否需要修正，需要全盘考虑。

- **严重程度低的 Bug 的优先级不一定低。** 如果软件名称或公司名称拼写错误，虽说这属于界面错误，严重程度低，但这关系到软件和公司的市场形象，必须尽快修正。

6.2　Bug 管理有秘诀

Bug 管理是软件生命周期中识别、管理、沟通缺陷的过程。一般需要使用跟踪管理工具来进行 Bug 全流程管理。

若发现了 Bug 而管理不善，可能就会出现以下问题。

- 测试人员报告的 Bug 被遗忘。
- 没有人知道在新的软件版本里究竟修复了哪些 Bug，还有哪些 Bug 未修复。
- 修复过程是否引入了新的 Bug 也没有人知道。
- Bug 报告书写不规范，使得开发人员不得不一次次找测试人员。

为了更好地跟踪管理 Bug，常常会用到 Excel 表格或者 Bug 管理工具。

不同角色看到 Bug 的反应是不一样的。虽然测试的目的是提供信息，但大家常常会将这些信息看成某种威胁，示例如下。

项目经理说："有这么多的 Bug，我没法按照原定的进度计划推进。"

开发人员说："那个愚蠢的错误让大家觉得我不希望自己成为好程序员。"

市场经理说："这个产品满是 Bug，不会卖得很好，会影响我的业绩。"

测试人员说："如果我在项目进行到这一步的时候报告这个 Bug，老板会质疑我的工作。"

6.2.1　提交高质量 Bug 的必备要点

当发现 Bug、提交 Bug 时，为了更好地跟踪、管理，让其他人员更好地理解，我们必须要精确地描述 Bug。Bug 描述要点如表 6-4 所示。

表 6-4　Bug 描述要点

项目名称	当前测试软件的名称
版本号	发现问题的版本号
编号	唯一标识，一般 Bug 管理系统会自动生成
标题	简短描述 Bug 的问题

续表

详细描述	详细描述 Bug 的现象，包括重现步骤、预期结果
严重程度	可以粗略地分为 4 个不同的等级，分别是致命（Critical）、严重（High）、一般（Medium）和轻微（Low）
紧急程度	可以粗略地分为 4 个不同的等级，分别是 P1（非常紧急）、P2（紧急）、P3（一般）和 P4（不紧急）
测试人员	提交 Bug 的人员，一般 Bug 管理系统会自动填入当前登录的用户
测试时间	提交 Bug 的时间，一般 Bug 管理系统会自动填入提交时的系统时间
解决人员	解决 Bug 的人员，在 Bug 管理系统修改 Bug 状态时，由系统自动生成，为当前登录的用户
解决时间	解决 Bug 的时间，在 Bug 管理系统修改 Bug 状态时，由系统自动生成，为修改 Bug 的系统时间
状态	通常有 5 个状态，分别是新建（New）、待解决（Open）、已解决（Fixed）、关闭（Closed）和待解决（Reopen）
备注	对未执行或不能执行的用例进行说明
附件	必要时添加截图或文件

Bug 管理模板如图 6-4 所示。

软件系统：					版本号：								
编号	标题	Bug 描述	所属模块	严重程度	紧急程度	状态	测试人员	测试时间	解决人员	解决时间	复核人	复核时间	备注
1													
2													
3													
4													
5													
6													
7													
8													
9													
10													

图 6-4　Bug 管理模板

6.2.2　提交高质量 Bug 的技巧

提交的 Bug 是否正确、清晰、完整直接影响了开发人员修改 Bug 的效率和效果，因此，在提交 Bug 时，需要注意以下几个问题。

1. Bug 描述简洁清晰且确保能够重现

Bug 描述信息要简洁，要包括 Bug 的表现、Bug 产生的场景、重现步骤、期望结果。

【案例 6-3】

Bug 描述如下。

- 现象：在手机银行中修改支付密码，设置新密码与原密码一致，可以修改成功。
- 重现步骤如下。

（1）选择"设置"，单击"修改支付密码"。

（2）输入新密码，新密码与原密码一致。

（3）单击"确认"按钮。

（4）提示修改成功。

- 期望结果：系统做新旧密码的校验，若新密码与原密码一致，单击"确认"
  按钮，弹出错误提示信息"新旧密码不能一致"。

2. 不要把几个 Bug 录入同一个 ID

即使有的 Bug 的表面现象类似，或在同一模块出现，或属于同一类问题，也应该按照
ID 逐个录入 Bug，以便于清晰地跟踪所有 Bug 的状态，统计 Bug。

3. 添加必要的截图和文件

错误页面的截图、异常信息文件、日志文件、输入数据文件都可以作为附件添加到
Bug 中，方便开发人员重现和定位缺陷。

【案例 6-4】

对于某网站查询页面，在分辨率大于 1024×768 像素的情况下进行查询操作后，
再将分辨率缩放为 1024×768 像素，页面样式出现问题。在提交 Bug 时，我们可对页
面截图并圈出有问题的地方，如图 6-5 所示。

图 6-5　错误页面截图

4. 防止故意不显示 Bug

"开发人员现在已经有太多的 Bug 要处理了，在他们修复好已知的那些 Bug 之前我不想找到更多的了……"

换句话说，现在出现更多的 Bug 是不可接受的，所以不会有更多的 Bug。

这是测试人员容易犯的一个错误，故意不显示 Bug，不管是同情开发人员，还是想"保存实力"，这都是不可取的，测试人员的职责就是在发布的版本中找到尽可能多的 Bug 并及时报告出来。

6.3　Bug 管理工具

根据公司的性质、规模，所用到的 Bug 管理工具可能不同。

目前主流的 Bug 管理工具如表 6-5 所示。

表 6-5　目前主流的 Bug 管理工具

分　类	名　称	简　介
商业工具	Rational ClearQuest（CQ）	类似于一个开发平台，可以很方便地配置各种需要的选项，主要用于变更管理和缺陷跟踪
	HP Quality Center（QC）	一个基于 Web 的测试管理工具，包括分析测试需求、计划测试、执行测试、跟踪缺陷、创建报告和图来监控测试流程
开源工具	Bugclose	一款免费的 Bug 管理工具，简单、易用、稳定、安全
	Bugzilla	一个开源的 Bug 管理系统，用于管理软件开发中的 Bug 提交、修复、关闭等
	Mantis	基于 PHP 的轻量级开源 Bug 管理系统，以 Web 形式提供项目管理及 Bug 跟踪服务。在功能、实用性上足以满足中小型项目的 Bug 管理及跟踪要求
	禅道	集产品管理、项目管理、质量管理、文档管理、组织管理和事务管理于一体，是一款功能完备的项目管理软件，完美地覆盖了项目管理的核心流程

了解了 Bug 的基本知识和管理流程，熟悉一两个 Bug 管理工具，我们就能够触类旁通。本节介绍开源的工具——禅道。

禅道的 Bug 管理流程是测试人员提出 Bug，开发人员解决 Bug，测试人员验证、关闭 Bug。

首先，在"测试"视图中，单击"Bug"选项卡，单击"+提 Bug"按钮，进入"提 Bug"界面，填写 Bug 信息，如图 6-6 所示。

图 6-6　填写 Bug 信息

　　然后，通过各种标签和检索条件找到需要自己处理的 Bug，比如单击"指派给我"选项，列出所有需要我处理的 Bug，如图 6-7 所示。

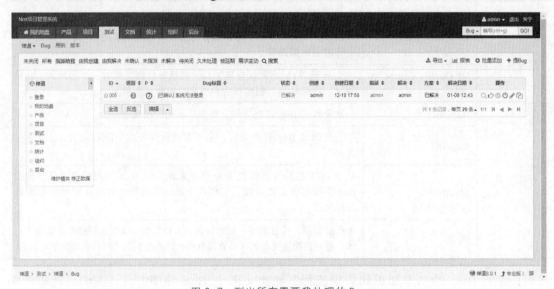

图 6-7　列出所有需要我处理的 Bug

　　最后，依据测试结果将 Bug 修改为不同状态，若测试验证通过，则关闭该 Bug，如图 6-8 所示。

　　管理 Bug 的流程皆如上所述。若学会了一个工具的使用，对于其他的工具，相信我们也能很快学会。

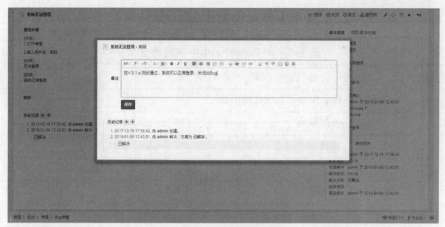

图 6-8 关闭 Bug

实战项目中 **Bug** 的管理流程

本节介绍在实际测试项目过程中跟进一个 Bug 的具体流程。

首先,测试人员新建 Bug。

然后,测试人员在 Bug 管理工具 e*Timesheet 上提交 Bug 并让相关的开发人员跟进,提交后生成唯一的 Log No.,状态为 OPEN,如图 6-9 所示。

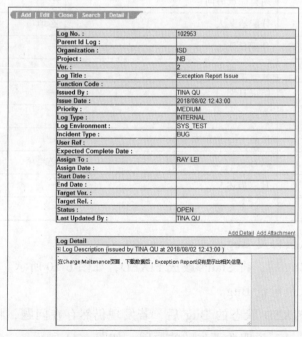

图 6-9 在 e*Timesheet 上提交 Bug

Bug 管理工具 e*Timesheet 中字段的含义如表 6-6 所示。

表 6-6 e*Timesheet 中字段的含义

字 段 名	描 述	备 注
Log No.	Bug 编号，系统自动生成	
Organization	组织结构	必填项
Project	项目	必填项
Ver.	版本号	必填项
Log Title	对 Bug 的简单描述	—
Function Code	与 Bug 相关的功能模块	—
Issued By	提交者，系统自动显示 Login User	必填项
Issue Date	提交日期，系统自动显示当前时间	必填项
Priority	Bug 优先级	必填项
Log Type	日志类型	必填项
Log Environment	日志环境	必填项
Incident Type	事件类型	必填项
User Ref	用户参考	—
Expected Completed Date	期望完成时间	—
Assign To	分配给某人	必填项
Assign Date	分配日期	—
Start Date	开始日期	—
End Date	结束日期	—
Target Ver.	发现 Bug 的版本号	—
Target Rel.	修复 Bug 的版本号	—
Status	状态	必填项
Log Description	日志描述	—
Last Updated By	最后更新者	—

接下来，开发人员修复 Bug。

开发人员修复 Bug 后，将 Status 改成 FIXED，如图 6-10 所示。

接下来，测试人员验证 Bug。

测试人员验证 FIXED 状态的 Bug 后，若发现仍然存在问题，将 Status 改成 SYS_TST_FL 并添加 Remark，说明验证失败的原因，如图 6-11 所示。

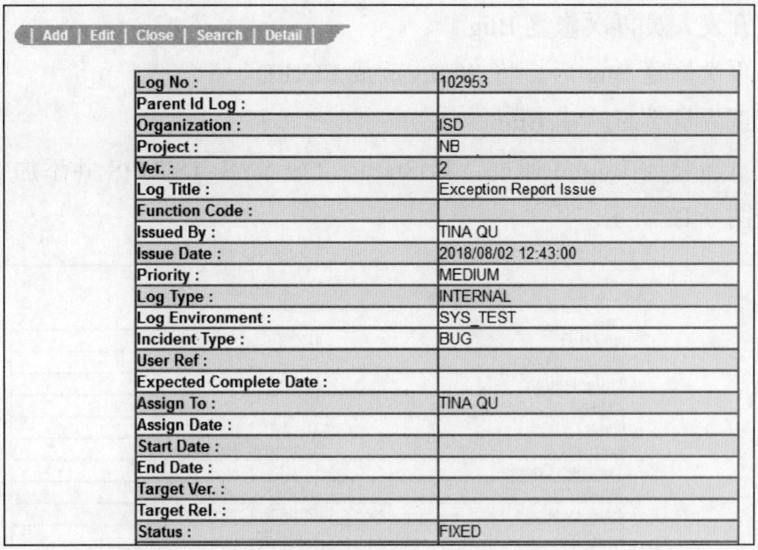

| Add | Edit | Close | Search | Detail |

Log No :	102953
Parent Id Log :	
Organization :	ISD
Project :	NB
Ver. :	2
Log Title :	Exception Report Issue
Function Code :	
Issued By :	TINA QU
Issue Date :	2018/08/02 12:43:00
Priority :	MEDIUM
Log Type :	INTERNAL
Log Environment :	SYS_TEST
Incident Type :	BUG
User Ref :	
Expected Complete Date :	
Assign To :	TINA QU
Assign Date :	
Start Date :	
End Date :	
Target Ver. :	
Target Rel. :	
Status :	FIXED

图 6-10　修改 Bug 的状态

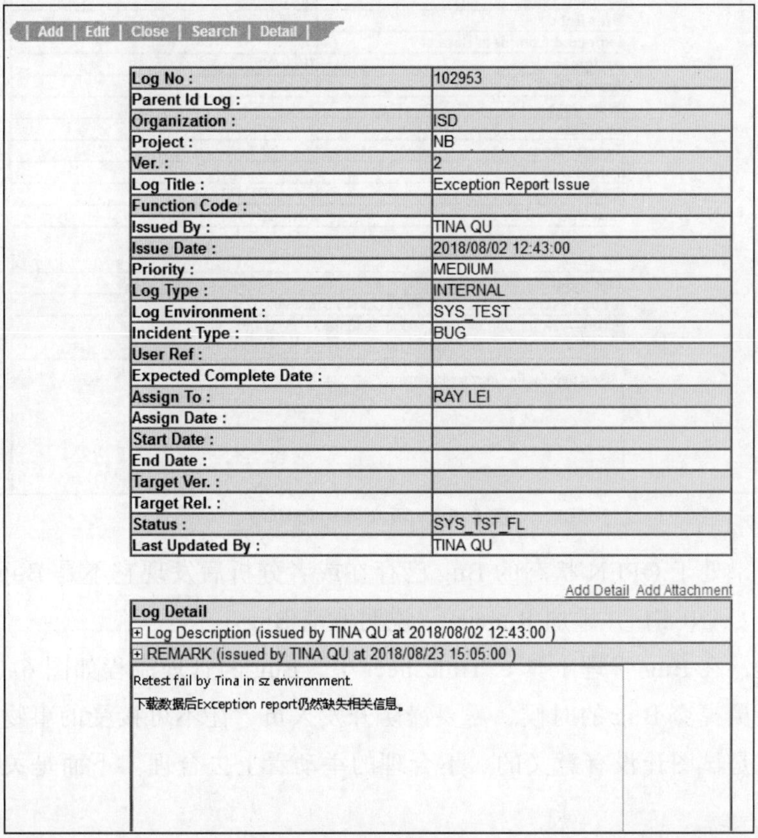

| Add | Edit | Close | Search | Detail |

Log No :	102953
Parent Id Log :	
Organization :	ISD
Project :	NB
Ver. :	2
Log Title :	Exception Report Issue
Function Code :	
Issued By :	TINA QU
Issue Date :	2018/08/02 12:43:00
Priority :	MEDIUM
Log Type :	INTERNAL
Log Environment :	SYS_TEST
Incident Type :	BUG
User Ref :	
Expected Complete Date :	
Assign To :	RAY LEI
Assign Date :	
Start Date :	
End Date :	
Target Ver. :	
Target Rel. :	
Status :	SYS_TST_FL
Last Updated By :	TINA QU

Add Detail　Add Attachment

Log Detail
⊞ Log Description (issued by TINA QU at 2018/08/02 12:43:00)
⊞ REMARK (issued by TINA QU at 2018/08/23 15:05:00)

Retest fail by Tina in sz environment.
下载数据后Exception report仍然缺失相关信息。

图 6-11　添加 REMARK

125

接下来，开发人员再次修复 Bug。

开发人员再次修复 Bug 后，将 Status 改成 FIXED。

最后，测试人员重新验证 Bug。

测试人员重新验证 Bug 并通过，将 Status 改成 SYS_TST_PS 并添加 Remark，说明测试成功，如图 6-12 所示。

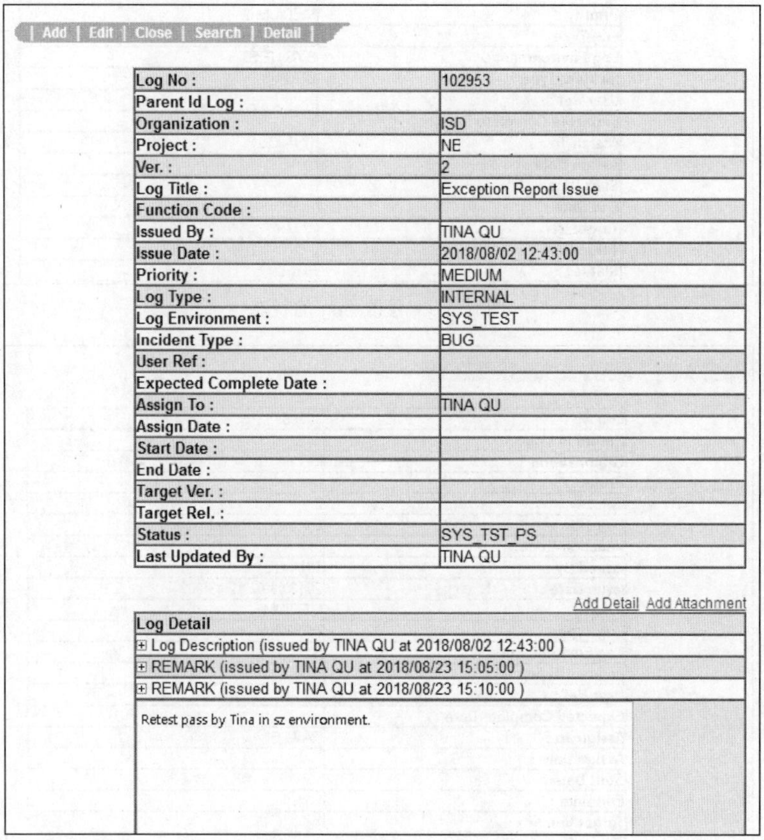

| Add | Edit | Close | Search | Detail |

Log No :	102953
Parent Id Log :	
Organization :	ISD
Project :	NE
Ver. :	2
Log Title :	Exception Report Issue
Function Code :	
Issued By :	TINA QU
Issue Date :	2018/08/02 12:43:00
Priority :	MEDIUM
Log Type :	INTERNAL
Log Environment :	SYS_TEST
Incident Type :	BUG
User Ref :	
Expected Complete Date :	
Assign To :	TINA QU
Assign Date :	
Start Date :	
End Date :	
Target Ver. :	
Target Rel. :	
Status :	SYS_TST_PS
Last Updated By :	TINA QU

Add Detail Add Attachment

Log Detail
⊞ Log Description (issued by TINA QU at 2018/08/02 12:43:00)
⊞ REMARK (issued by TINA QU at 2018/08/23 15:05:00)
⊞ REMARK (issued by TINA QU at 2018/08/23 15:10:00)

Retest pass by Tina in sz environment.

图 6-12　再次添加 REMARK

注意，如果处于 OPEN 状态的 Bug 已存在或者分析后发现它不是 Bug，则可将 Bug 的 Status 改成 CANCEL 并添加 Remark，说明取消 Bug。

综上所述，在 Bug 管理工具 e*Timesheet 中，Bug 的管理流程如图 6-13 所示。

在测试人员提交 Bug 的时候，需要谨防开发人员"让不可接受的事物合理化"的行为。合理化就是试图让没有意义的、不合理的举动看上去合理。下面是关于合理化的一个例子。

某个数据库查询系统允许用户通过两种方法注销——单击一个按钮或者使用菜单。在用户使用按钮注销时，会出现"确认注销"对话框，它给用户提供了两个选项，让用户可以确认是从系统注销还是继续保持登录状态；而当用户使用菜单注销时，则会立即注销而没有"取消"选项。

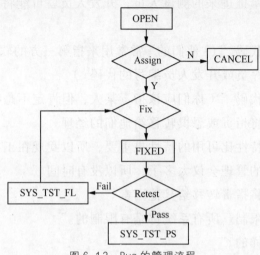

图 6-13　Bug 的管理流程

测试人员认为两种注销方式应该是一致的，但是开发人员认为这是一个特性，因为它为用户提供了两种注销方式。开发人员认为现在很难改动它，所以最好接受现在这种情况。换句话说，如果无法修复，就把它当成一个特性。

测试人员经常会碰到开发人员的这种"合理化"行为，如果不深入思考，确实会觉得很合理。

应对的方法是，逐步解除开发人员的"防卫"心理，提出合理的修改建议。示例如下。

- 用户通常不会按照系统采用按钮还是菜单来认定一个特性具有不同的风格，那不是用户界面的典型设计。
- 用户通常期望应用程序的行为是可以撤销的，除非首先有一条警告信息（除非他们在弹出的对话框中明确地单击"确认"按钮）。
- 一致性是改善用户学习曲线的重要因素。这包括应用程序内部的一致性和程序与其他常见产品的一致性。

转移就是指责并非问题真正来源的人或事，从而免除我们自己的责任。

当开发人员面对测试人员提出的"无法接受"的问题时，我们就可能听到下面这些常见的、用来转移责任的抱怨。

首先，开发人员向测试人员转移责任。

- "如果你不能重现这个问题，那我也没法做任何事。"
- "你太挑剔了。"

如果没有明显可以牵扯进来的测试人员，开发人员就可能将指责和恐惧转移给其他开发人员。

- "这是他们的代码。"（"他们的"常常用来指第三方的软件，或者是指某个已经离开公司的程序员或开发人员编写的代码。）
- "这不是我的代码。"（你们应该指责某人，但肯定不是我。）

开发人员也可能会将指责或恐惧转移给他们的经理。

- "他们认为新特性比可用的特性更重要，所以我现在正在增加新特性。"
- "我需要参加的管理会议太多了，所以没有时间。"

开发人员甚至可能将指责转移给其他因素。

- "这是系统的限制。所有系统都是有限制的。"
- "软件就是这样的。"
- "基础结构组件/操作系统/网络不允许这样做。"

信息是中性的，但是人们对信息做出的反应很少会是中性的。要对测试信息进行评估，我们就必须考虑人们的情绪防卫措施——压抑、合理化、投射、过度补偿和强迫等。保持警惕、深思熟虑和注重实效有助于消除情绪上的混乱，避免不合逻辑的过程对测试工作造成的破坏。

6.5　进阶要点

测试人员的"光荣使命"就是在软件正式上线、运行之前，发现尽可能多的 Bug。本章介绍了 Bug 的分类/分级方法和 Bug 的管理流程。在提交 Bug 的时候，测试人员需要录入高质量的 Bug 描述。

Bug 报告是测试人员辛勤劳动的结晶，也是测试人员价值的体现。同时，它也是与开发人员交流的基础，Bug 报告是否正确、清晰、完整直接影响了开发人员修改 Bug 的效率和效果。因此，在报告 Bug 时，需要注意以下几个方面。

- 不要出现文字差错。测试人员经常找出界面上的错别字、用词不当、提示信息不明确等问题。然而，测试人员在录入 Bug 的时候同样会出现错别字，描述不完整、不清晰。测试人员应该在文字方面少出错。

● 记录完一个 Bug 后自己读一遍。就像要求程序员在写完代码要自己编译并做初步的测试一样，要求测试人员在记录完一个 Bug 后自己读一遍，看语义是否通顺，表达是否清晰。

6.6 小结

本章介绍了 Bug 管理的相关知识，以及如何录入高质量的 Bug 描述，讨论了常用的 Bug 管理工具。需要注意的是，每个企业所采用的 Bug 管理工具会有所不同，但是万变不离其宗，最重要的是熟悉 Bug 的管理流程，按照既定的流程来处理发现的 Bug。

至此，本书介绍了软件测试的概念、软件测试流程、软件需求、测试用例设计、测试用例执行及 Bug 管理。处理完 Bug，测试接近尾声，接下来，我们认识测试的相关文档。

第7章 文档管理

7.1 测试计划

7.1.1 测试计划精要

 马上就要开始写毕业论文了，同学们准备得怎么样了？有什么计划安排吗？

相信大部分写过毕业论文的同学都有一个通病：不知道写什么，一直拖，等到开题答辩前，通宵赶进度。凡事预则立，不预则废，做任何事情都应该有计划，按照计划去有序进行，才能做到有条不紊。

测试也是一样，一份好的测试计划可以明确地告诉团队在什么时间做什么事情，在什么时间点完成哪个阶段的任务，保证整个团队工作的正常有序进行。

测试计划是描述要进行的测试活动的范围、方法、资源和进度的文档。它确定测试项、被测特性、测试任务、任务执行者、各种可能的风险。测试计划可以有效降低测试的风险，保障测试过程的顺利实施。

为什么要写测试计划？

在日常工作中我们经常要对一个项目或一个任务制订一个工作计划。作为项目的一部分，对于测试，也要求有测试计划。这对于加快项目整体进展起着重要的作用。

在内部，测试计划的作用如下。

（1）让项目负责人和开发人员对测试计划的正确性、全面性和可行性进行评审。

（2）存储计划执行的细节，让测试人员进行同行评审。

（3）存储计划进度表、测试环境等更多的信息。

在外部，测试计划的作用如下。

向用户交代测试的过程、人员的技能、资源和使用的工具等信息。

当然，在实际中有的公司或项目并不会让测试人员出具测试计划，但是制订测试计划作为测试工作的一部分已经被视为一名合格的测试人员应当具备的能力。那么一份好的测试计划需要满足什么样的目标？

好的测试计划要满足的目标如下。

- 为测试各项活动制订一个切实可行的、综合的计划，包括每项测试活动的对象、范围、方法、进度和预期结果。
- 为项目实施建立一个组织模型，确定测试进度和任务安排，并定义测试项目中每个角色的责任和工作内容。
- 确定测试所需要的时间和资源，以保证其有效性。
- 确立每个测试阶段测试完成的标准、要实现的目标。
- 识别出测试活动中各种风险，并消除可能存在的风险，降低不可能消除风险所带来的损失。

7.1.2 如何高效编写测试计划

测试计划需要包含的内容如图 7-1 所示。

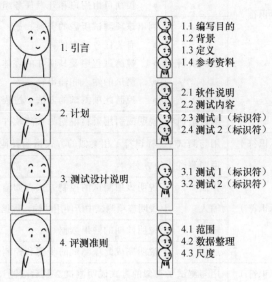

图 7-1 测试计划包含的内容

每一章需要包含的内容如表 7-1 所示。

表 7-1　测试计划中每一章包含的内容

章	节	概　述
引言	编写目的	说明测试计划的具体编写目的，指出预期的读者范围
	背景	• 测试计划所从属的软件系统的名称。 • 项目的历史，在开始执行本测试计划之前必须完成的各项工作
	定义	给出本文件中用到的专门术语的定义和英文缩略词的含义
	参考资料	列出要用到的参考资料，如： • 项目经核准的计划任务书或合同、上级机关的批文； • 属于项目的其他已发表的文件； • 文件中各处引用的资料，包括所要用到的软件开发标准
计划	软件说明	提供一份图表，并逐项说明被测软件的功能、输入和输出等质量指标
	测试内容	列出测试中每一项测试内容的名称标识符、进度安排以及内容和目的
	测试 1（标识符）	给出这项测试内容的参与单位及被测试的部分
		进度安排　给出这项测试的进度安排，包括进行测试的日期和工作内容
		条件　陈述该项测试工作对资源的要求，包括： • 设备所用到的设备类型、数量和预定使用时间； • 支持本项测试过程中需要使用的软件； • 预期可由用户和开发任务组提供的工作人员的数量
		测试资料　列出该项测试所需的资料，如： • 有关任务的文件； • 被测试程序及其所在的媒体； • 测试的输入和输出； • 控制此项测试的方法、过程的图表
		测试培训　说明或引用资料说明为被测软件的使用提供培训的计划
	测试 2（标识符）	用与测试 1（标识符）相类似的方式指明其他测试内容的测试工作计划
测试设计说明	测试 1（标识符）	说明测试 1 的方案
		控制　说明该项测试的控制方式，如输入以及结果的记录方法
		输入　说明该项测试中所使用的输入数据及选择这些输入数据的策略
		输出　说明预期的输出数据
		过程　说明完成此项测试的步骤和控制命令
	测试 2（标识符）	用与测试 1 类似的方式说明测试 2 及后续测试工作的方案
评价准则	范围	说明所选择的测试用例能够检查的范围及其局限性
	数据整理	陈述为了把测试数据加工成便于评价的适当形式，使得测试结果可以同已知结果进行比较而要用到的转换处理技术
	尺度	说明用来判断测试工作是否能通过的评价尺度

测试计划模板如图 7-2 所示。

图 7-2　测试计划模板

在实际应用中，我们要怎么写测试计划？我们可以灵活运用测试计划的模板完成测试计划。

测试计划模板如下。

×××项目测试计划

1　引言

1.1　编写目的

本文档是针对×××项目所做的总体计划，为了方便对测试资源的调度、测试进度的控制、测试资源的分配进行规划。

1.2　背景

×××项目是 NMT 团队为了让对软件测试有兴趣的朋友们更好地了解和学习软件测试而开展的一个项目。

1.3　定义

术语和缩写词	中文解释	英文解释
UAT	用户验收测试	User Acceptance Test

1.4　参考资料

资料名称	作者	说明
×××项目需求	××	需求说明

2　计划

2.1　软件说明

×××项目主要包含 8 个模块（软件测试概要、软件测试之需求分析、软件测试之测试用例等），每一个模块对于软件测试的学习都有着重要的作用。

2.2　测试内容

功能模块	计划开始日期	实际开始日期	结束日期
软件测试概要	2017-01-01	××-××-××××	2017-01-31
软件测试之基础知识	2017-02-01	××-××-××××	2017-02-28
软件测试之需求分析	2017-03-01	××-××-××××	2017-03-31
软件测试之测试用例	2017-04-01	××-××-××××	2017-04-30
软件测试之执行测试	2017-05-01	××-××-××××	2017-05-31
软件测试之缺陷管理	2017-06-01	××-××-××××	2017-06-30
软件测试之文档管理	2017-07-01	××-××-××××	2017-07-31
软件测试之UAT/PR	2017-08-01	××-××-××××	2017-08-31

2.3　软件测试概要（以本书第 1 章为例）

软件测试概要主要介绍软件测试的概念。

2.3.1　进度安排

概要模块的测试要在 2017-01-01 至 2017-01-30 完成，需要在模块中写明软件测试是什么，为什么会有软件测试，软件测试工程师的职责，软件测试的发展及未来。

测试活动	计划开始日期	实际开始日期	结束日期
制定测试计划	2017-01-01	××-××-××××	2017-01-02
需求分析	2017-01-03	××-××-××××	2017-01-05
用例设计	2017-01-06	××-××-××××	2017-01-12
测试执行	2017-01-13	××-××-××××	2017-01-20
集成测试	2017-01-21	××-××-××××	2017-01-22
系统测试	2017-01-23	××-××-××××	2017-01-24
用户验收测试	2017-01-25	××-××-××××	2017-01-30

2.3.2　测试条件及相关准备工作

为了做好该模块的测试，我们需要准备好相关资源并做好准备工作。对于硬件、软件及人力资源的需求，我们都应该做好预估。在测试之前我们也可以对该模块的测试进行相应的培训，对测试要求进行统一等。

资源	设备/角色	用途	数量
硬件资源	PC	作业用机	3
软件资源	Word、Excel	文档的整理	
	SQL Server	数据的查询	
人力资源	项目经理	负责整个项目	
	开发人员	负责整个项目的开发工作	2
	测试人员	负责整个项目的测试工作	1

3　测试设计说明

3.1　软件测试概要（以本书第 1 章为例）

软件测试概要主要对软件测试的基本概念和历史以及它们在软件行业的意义来进行主要说明。

3.1.1　测试范围控制

本阶段的测试只包含软件测试概要，对于该模块与后面模块之间的交互，我们在后续的模块再进行测试，此阶段的测试暂不包含。

3.1.2　测试类型

本阶段的测试主要是对模块进行基本功能测试，确保模块的功能符合需求，同时保证模块的界面及易用性等符合规范。

测试类型	说明
功能测试	模块实现了需求文档中的功能
界面测试	界面符合规范，美观合理
易用性测试	系统友好，符合通用的操作习惯和理解
兼容性测试	用户通过不同的客户端或者浏览器都可以正常使用

3.2　测试 2（标识符，结合本书中其他章的测试说明）

4　评价准则

4.1　测试目标

在测试时，我们需要对整个模块的所有内容进行测试，其中包含字段、段落、章节以及内容的连贯性，确保该模块所涉及的知识点都包含在内。

测试目标项	通过标准	备注
需求覆盖	100%	
测试用例执行率	100%	
测试用例通过率	99%	
缺陷修复率	98%	部分缺陷在下个版本中跟踪、修复

4.2　风险和约束

　　根据目前所了解的信息，预测测试中可能出现的风险，如硬件资源设备的网络风险、人员变动风险、需求变更风险、测试时间不足等，以便做好准备。

7.2　测试报告

7.2.1　测试报告精要

　　测试报告是指把测试的过程和结果写成文档，对发现的问题和缺陷进行分析，为纠正软件存在的质量问题提供依据，同时为软件验收和交付打下基础。

　　测试报告是测试阶段最后的文档产出物。一份详细的测试报告应包含足够的信息，包括产品质量和测试过程的评价。测试报告基于测试中采集的数据以及对最终测试结果的分析。

7.2.2　如何高效编写测试报告

　　要写好一份测试报告，首先要知道一份完整的测试报告需要包含哪些内容。我们可以先了解一份完整的测试报告的格式是怎样的。

 毕业季到了，同学们都是如何写毕业论文的呢？

　　毕业论文对格式的要求说是非常高的。封面、标题、摘要、目录、正文、参考文献等的格式是抛开内容之外留给人的第一印象。

　　测试报告也一样，我们在写之前需要对整个文档的格式进行规划，明确它包括哪些章节、哪些内容，让看测试报告的人在没有看测试报告具体内容的情况下先对整个文档的风格以及要表达什么内容有一个大概的了解。

　　同样，这也是同学们在步入社会走上工作岗位后需要注意的。我们提交的文档或者发出去的邮件等务必要整洁、美观且没有错别字。

　　测试报告的风格和模块都是如何规划的？不同的公司、不同的项目可能对于一篇文档的规划有不同的定义，只要整体风格一致，完整展现所要表达的内容，让读者看懂文档所表达的内容就可以了。

　　一份测试报告的包含内容如图 7-3 所示。

　　在整体规划之后，我们需要为具体的模块填充所需要的内容。那么对于每一个模块，具体需要写些什么？要如何编写？这些才是整个文档编写过程中最重要的环节。

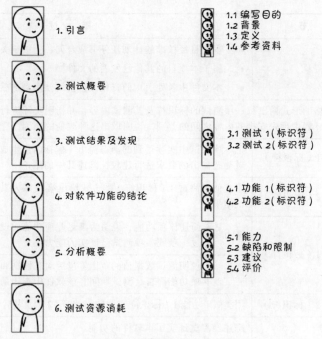

图 7-3　测试报告包含的内容

同样以毕业论文为例，整体模板定下来之后，我们还需要对文章的内容进行详细描述，这些需要如何描述呢？

封面如何设计，关键词如何总结，正文需要包含哪些内容等是我们在具体的编写过程中需要仔细研究和琢磨的。

同样，测试报告需要包括首页、引用、测试概要等模块。这些模块具体需要包含什么内容，如何更好地描述和表达这些内容，这些都是我们在具体的文档编写过程中需要去关注和花费心思的。

测试报告中每一章包含的内容如表 7-2 所示。

表 7-2　测试报告中每一章包含的内容

章	节	概　　述
引言	编写目的	说明本测试计划的具体编写目的，指出预期的读者范围
	背景	● 被测试软件系统的名称。 ● 该软件的任务提出者、开发者、用户及安装此软件的计算中心
	定义	给出本文件中用到的专门术语的定义和英文缩略词的含义

续表

<table>
<tr><th>章</th><th>节</th><th colspan="2">概　述</th></tr>
<tr><td>引言</td><td>参考资料</td><td colspan="2">● 本项目经核准的计划任务书或合同、上级机关的批文。
● 属于本项目的其他已发表的文件。
● 本文件中各处引用的资料，包括所要用到的软件开发标准</td></tr>
<tr><td>测试概要</td><td colspan="3">用表格的形式列出每一项测试的标识符及其测试内容，并指明实际进行的测试的工作内容与测试计划中预先安排的内容之间的差别，说明做出这种改变的原因</td></tr>
<tr><td rowspan="2">测试结果</td><td>测试 1（标识符）</td><td colspan="2">把本项测试中实际得到的动态输出（包括内部生成的数据输出）结果同对动态输出的要求进行比较，陈述其中的结论</td></tr>
<tr><td>测试 2（标识符）</td><td colspan="2">用类似于测试 1（标识符）的方式给出第 2 项及其后各项测试内容的测试结果</td></tr>
<tr><td rowspan="3">对软件功能的结论</td><td rowspan="2">功能 1（标识符）</td><td>能力</td><td>简述该项功能，说明为满足此项功能而设计的软件能力以及经过一项或多项测试已证实的能力</td></tr>
<tr><td>限制</td><td>说明测试数据值的范围（包括动态数据和静态数据），列出就这项功能而言，测试期间在该软件中查出的缺陷</td></tr>
<tr><td>功能 2（标识符）</td><td colspan="2">用类似于功能 1（标识符）的方式给出第 2 项及其后各项功能的测试结论</td></tr>
<tr><td rowspan="4">分析摘要</td><td>功能</td><td colspan="2">陈述经测试证实了本软件的功能</td></tr>
<tr><td>缺陷和限制</td><td colspan="2">陈述经测试证实的软件缺陷和限制，说明每项缺陷和限制对软件性能的影响，并说明全部测得的性能缺陷的总影响</td></tr>
<tr><td>建议</td><td colspan="2">● 各项修改可采用的修改方法。
● 各项修改的紧迫程度。
● 各项修改预计的工作量。
● 各项修改的负责人</td></tr>
<tr><td>评价</td><td colspan="2">说明该软件的开发是否已达到预定目标，能否交付使用</td></tr>
<tr><td>测试资源消耗</td><td colspan="3">总结测试工作的资源消耗数据，如工作人员的水平级别数量、机时消耗等</td></tr>
</table>

在具体的写作过程中，关于这些内容和模块的融合以及排版，请参考图 7-4 所示测试报告模板。

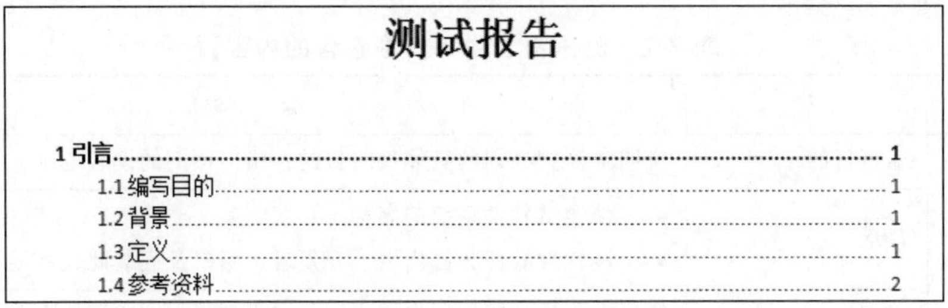
测试报告

1 引言......1
1.1 编写目的......1
1.2 背景......1
1.3 定义......1
1.4 参考资料......2

图 7-4　测试报告模板

图 7-4 测试报告模板（续）

测试报告的编写与测试计划一样，我们可以结合实际项目对类型进行变动。

示例测试报告如下。

×××项目测试报告

1 引言

1.1 编写目的

本测试报告为×××项目的测试报告，目的在于总结测试阶段的测试以及分析测试结果，描述系统是否符合需求（或达到×××功能目标）。

1.2 背景

×××项目是 NMT 团队为了让对软件测试有兴趣的朋友们更好地了解和学习软件测试而开展的一个项目。

1.3 定义

术语和缩写词	中文解释	英文解释
UAT	用户验收测试	User Acceptance Test

1.4 参考资料

资料名称	作者	说明
×××项目需求	××	需求说明

2 测试概要

×××项目主要包含 8 个模块（软件测试概要、软件测试之需求分析、软件测试之测试用例等）。其总体模块没有大的更改，但是在后期的开发和测试过程中考虑到面试的重要性加入了面试技巧这一环节。

139

功能模块	计划开始日期	实际开始日期	结束日期
软件测试概要	2017-01-01	2017-01-01	2017-01-31
软件测试之基础知识	2017-02-01	2017-02-01	2017-02-28
软件测试之需求分析	2017-03-01	2017-03-01	2017-03-31
软件测试之测试用例	2017-04-01	2017-04-15	2017-04-30
软件测试之执行测试	2017-05-01	2017-05-16	2017-05-31
软件测试之缺陷管理	2017-06-01	2017-06-15	2017-06-30
软件测试之文档管理	2017-07-01	2017-07-01	2017-07-31
软件测试之UAT/PR	2017-08-01	2017-08-01	2017-08-31
面试技巧		2017-08-01	2017-08-30

3 测试结果及发现

3.1 软件测试概要（以本书第 1 章为例）

软件测试概要主要介绍软件测试的概念，在模块中写明软件测试是什么，为什么会有软件测试，软件测试工程师的职责，软件测试的发展及未来，并在 2017-01-01 至 2017-01-30 完成。测试过程中我们需要保证各个字段描述的内容都准确无误，各章之间的内容都衔接自然，字体与段落间的排列布局合理。

测试活动	计划开始日期	实际开始日期	结束日期
制订测试计划	2017-01-01	2017-01-01	2017-01-02
需求分析	2017-01-03	2017-01-03	2017-01-05
用例设计	2017-01-06	2017-01-06	2017-01-12
测试执行	2017-01-13	2017-01-13	2017-01-20
集成测试	2017-01-21	2017-01-21	2017-01-22
系统测试	2017-01-23	2017-01-23	2017-01-24
用户验收测试	2017-01-25	2017-01-25	2017-01-30

3.2 测试 2（标识符，结合本书中其他章的测试说明）

4 对软件功能的结论

4.1 软件测试是什么（以本书 1.1 节为例）

4.1.1 能力

本节着重介绍了什么是软件测试，通过具体的语言描述和故事分析形象生动地解释什么是软件测试以及软件测试包含的内容等。

4.1.2 限制

软件测试的定义在不同的文档中可能有着或多或少的差别，但是其整体的含义以及在实际工作中所代表的内容是一样的，因此不用过多地拘束于语言中的表达。

4.2 功能 2（结合本章中其他节的功能说明）

用类似于本报告 4.1 节的方式给出第 2 项及其后各项功能的测试结论。

5 分析摘要

5.1 能力

本书从什么是软件测试到整个软件测试的流程，通过简单的语言和形象的图片描述了什么是软件测试以及软件测试应该怎么做。

5.2 缺陷和限制

本书主要讲解的是功能测试的一些内容，不涉及性能测试、自动化测试等。同时，软件测试涉及的内容太多，因此本书并没有涵盖所有内容。

5.3 建议

对每项缺陷提出改进建议，如：

- 对图书做到语言风格一致；
- 图书的整体风格以及内容大纲要确定；
- 对于软件测试重点部分，用例的设计、执行，以及测试方法选择等应该用更多的时间来完成；
- 若遇到问题，要及时沟通、解决。

5.4 评价

尽管本书还有一些不足，如语言以及内容的描述不那么专业，但是对于软件测试的整体内容已经有了一个相对全面的概括，目标已经完成，可以出书。

6 测试资源消耗

NMT 测试组全部成员都为编写本书付出了自己的心血，中途因为项目及其他事情有所延误，但是在大家的共同努力下圆满完工。

7.3 用户手册

7.3.1 用户手册精要

用户手册对大家来说并不陌生，我们买手机、买家电时，商家一般会赠送一本说明书，里面记录了各个功能的使用方法。软件也不例外，我们在交付项目给客户前，也需要一本专业的用户手册。

User Manual 用户手册在百度百科中的定义是，详细描述软件的功能、性能和用户界面，使用户了解如何使用该软件。

用户手册比较重要的一点是需要站在客户的角度去写，要把客户当成一个完全不懂的人，整篇文档不需要多么华丽的语言，最好采用图文并茂的形式，让客户快速地熟悉产品。

对于软件产品来说，如果我们拥有一份用户手册，那么我们能轻松地使用。一份好的用户手册对于用户是一份好的指南，对于测试人员是一种能力的体现。

7.3.2　如何高效编写用户手册

要写好一份用户手册，首先，我们要知道一份完整的用户手册需要包含哪些内容；其次，我们要把自己当作新手，使用的语言尽量通俗易懂，表达尽量详细，在文档中也尽量多用图表或图形来表述。

用户手册包含的内容如图 7-5 所示。

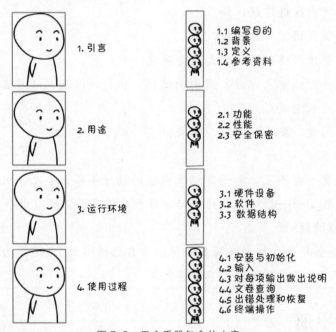

图 7-5　用户手册包含的内容

每一章需要包含的具体内容如表 7-3 所示。

表 7-3　用户手册中每一章要包含的内容

章	节	概　　述
引言	编写目的	说明编写这份用户手册的目的，指出预期的读者
	背景	● 这份用户手册所描述的软件系统的名称。 ● 该软件项目的任务提出者、开发者、用户及安装此软件的计算中心
	定义	给出本文件中用到的术语的定义和英文缩略词的含义

续表

章	节	概　述		
引言	参考资料	列出有用的参考资料，示例如下。 ● 项目经核准的计划任务书或合同、上级机关的批文。 ● 属于本项目的其他已发表文件。 ● 本文件中各处引用的资料，包括所要用到的软件开发标准等		
用途	功能	结合本软件的开发目的逐项说明软件的各项功能以及它们的使用范围		
	性能	精度	说明对各项输入数据的精度要求和本软件输出数据的精度	
		时间特性	定量地说明本软件的时间特性	
		灵活性	说明本软件的灵活性，即当用户需求有变化时软件的适应能力	
	安全保密	说明本软件在安全、保密方面的设计考虑和实际的功能		
运行环境	硬件设备	列出运行本软件所要求的硬件设备的最低配置		
	软件	说明运行本软件所需要的软件		
	数据结构	列出支持本软件的运行所需要的数据库或数据文卷		
使用过程	安装和初始化	一步一步地说明为使用本软件而需进行的安装与初始化过程		
	输入	输入数据的现实背景	说明输入数据的现实背景	
		输入格式	对初始输入数据和参量的格式要求，包括语法规则和有关约定	
		输入举例	为每个完整的输入形式提供样本	
	输出	输出数据的现实背景	说明输出数据的现实背景	
		输出格式	给出对每一类输出信息的解释	
		输出举例	为每种输出类型提供例子	
	文卷查询	这一条针对具有查询能力的软件，内容包括同数据库查询有关的初始化、准备、处理所需要的详细规定，查询的能力、方式说明，所使用的命令和所要求的控制规定		
	出错处理和恢复	列出由软件产生的出错编码或条件以及应由用户承担的修改、纠正工作		
	终端操作	当软件在多终端系统上工作时，应编写本条，以说明终端的配置、连接步骤、数据和参数输入步骤以及控制规定		

在具体的写作过程中，关于这些内容和模块的融合以及排版，请参考图 7-6 所示用户手册模板。

用户手册

图 7-6　用户手册模板

　　编写一份好的用户手册也不是那么容易的事情，有了好的模板会让我们事半功倍，但是在编写内容上还要注意几个方面，如表 7-4 所示。

表 7-4　编写用户手册的注意事项

注意事项	说明
完整性	质量良好的用户手册至少应该包括软件产品的所有相关内容，能够指导用户顺利地安装、设置和使用软件，保证内容的全面性和完整性是把握用户手册质量的重要方面
一致性	用户手册的内容不仅要保证其全面性和完整性，还要确保它与一起发行的软件版本的实际功能相一致
准确性	用户手册编写完毕后最好能安排人员进行审核，保证它遵守完整性、语言、拼写与语法、连贯性与格式方面的规则，及时发现和纠正手册中的错误，如错别字、图片序号与描述不匹配等
统一性	整份用户手册的描述语言、描述风格尽量统一，方便用户阅读

用户手册的编写和前文中测试计划和测试报告的编写一样，概括描述项目内容，同时详细写明操作步骤即可。

用户手册模板如下。

用户手册

1　引言

1.1　编写目的

说明编写这份用户手册的目的，指出预期的读者。

1.2　背景

说明这份用户手册所描述的软件系统的名称。

指出该软件项目的任务提出者、开发者、用户（或首批用户）及安装此软件的计算中心。

1.3　定义

给出本文件中用到的专门术语的定义和英文缩略词的含义。

1.4　参考资料

列出要用到的参考资料，示例如下。

● 　项目经核准的计划任务书或合同、上级机关的批文。

● 　属于本项目的其他已发表文件。

● 　本文件中引用的资料，包括所要用到的软件开发标准。列出这些资料的标题、文件编号、发表日期和出版单位，说明这些资料的来源。

2　用途

2.1　功能

结合本软件的开发目的，逐项地说明本软件所具有的各项功能以及它们的使用范围。

2.2　性能

2.2.1　精度

逐项说明对各项输入数据的精度要求和本软件输出数据达到的精度。

2.2.2　时间特性

定量地说明本软件的时间特性，如响应时间，更新处理时间，数据传输、转换时间，计算时间等。

2.2.3 灵活性

说明本软件所具有的灵活性,即当用户需求(如对操作方式、运行环境、结果精度、时间特性等的要求)有某些变化时,本软件的适应能力。

2.3 安全保密

说明本软件在安全、保密方面的设计考虑和实际的功能。

3 运行环境

3.1 硬件设备

列出为运行本软件所要求的硬件设备的最低配置,示例如下。

- 处理器的型号、内存容量。
- 所要求的外存储器、媒体、记录格式、设备的型号和台数、联机/脱机。
- I/O 设备。
- 数据传输设备和转换设备的型号、台数。

3.2 软件

说明运行本软件所需要的软件,示例如下。

- 操作系统的名称、版本号。
- 程序语言的编译/汇编系统的名称和版本号。
- 数据库管理系统的名称和版本号。
- 其他软件。

3.3 数据结构

列出支持本软件的运行所需要的数据库。

4 关于软件功能的结论

在本章中,先用图表的形式说明软件的功能同系统的输入源机构、输出接收机构之间的关系。

4.1 安装与初始化

一步一步地说明为使用本软件而需进行的安装与初始化过程,包括程序的存储形式、安装与初始化过程中的全部操作命令、系统对这些命令的反应与答复、表征安装工作完成的测试实例等。如果有,还应说明安装过程中所需用到的专用软件。

4.2 输入

规定输入数据和参量的准备要求。

4.2.1 输入数据的现实背景

说明输入数据的现实背景,主要内容如下。

- 情况，例如人员变动、库存缺货。

- 情况出现的频度，例如，周期性的、随机的、一项操作状态的函数。

- 情况来源，例如人事部门、仓库管理部门。

- 输入媒体，例如键盘、穿孔卡片、磁带。

- 限制，出于安全、保密考虑而对访问这些输入数据所加的限制。

- 质量管理，例如对输入数据合理性的检验以及当输入数据有错误时应采取的措施，如建立出错情况的记录等。

- 支配，例如，指出如何确定输入数据是保留还是废弃，是否要分配给其他的人等。

4.2.2 输入格式

说明对初始输入数据和参量的格式要求，包括语法规则和有关约定，示例如下。

- 长度，例如，字符数/行，字符数/项。

- 格式基准，例如，以左面的边沿为基准。

- 标号，例如，标记或标识符。

- 顺序，例如，各个数据项的次序及位置。

- 标点，例如，用来表示行、数据组等的开始或结束而使用的空格、斜线、星号、字符组等。

- 词汇表，给出允许使用的字符组合的列表，禁止使用 * 的字符组合的列表等。

- 省略和重复，给出用来表示输入元素可省略或重复的表示方式。

- 控制，给出用来表示输入开始或结束的控制信息。

4.2.3 输入举例

为每个完整的输入形式提供样本，如下所示。

- 控制或首部，例如，用来表示输入的种类和类型的信息，标识符输入日期，正文起点和对所用编码的规定。

- 主体——输入数据的主体，包括数据文卷的输入表述部分。

- 尾部——用来表示输入结束的控制信息、累计字符数等。

- 省略——指出哪些输入数据是可省略的。

- 重复——指出哪些输入数据是重复的。

4.3 对每项输出做出说明

4.3.1 输出格式

说明输出数据的现实背景，主要内容如下。

- 使用，指出这些输出数据是给谁看的，用来干什么。
- 使用频度，例如，每周的、定期的。
- 媒体，包括打印机、CRI 显示器、磁带、卡片、磁盘。
- 质量管理，例如，关于合理性检验、出错纠正的规定。
- 支配，例如，如何确定输出数据是保留还是废弃？是否要分配给其他人等？

4.3.2　输入举例

给出对每一类输出信息的解释，主要内容如下。

- 首部，如输出数据的标识符，输出日期和输出编号。
- 主体，输出信息的主体，包括分栏标题。
- 尾部，包括累计总数，结束标记。

4.3.3　输出举例

为每种输出类型提供例子。对例子中的每一项，说明以下内容。

- 定义 —— 每项输出信息的意义和用途。
- 来源 —— 从特定的输入中抽出，从数据库文卷中取出或从软件的计算过程中得到。
- 特性 —— 输出的值域、计量单位、在什么情况下可省略等。

4.4　文卷查询

这一条针对具有查询能力的软件，内容包括同数据库查询有关的初始化、准备及处理所需要的详细规定，查询的能力、方式说明，所使用的命令和所要求的控制规定。

4.5　出错处理和恢复

列出由软件产生的出错编码或条件以及应由用户承担的修改、纠正工作，指出为了确保再启动和恢复的能力，用户必须遵循的处理过程。

4.6　终端操作

当软件在多终端系统上工作时，编写本条，以说明终端的配置、连接步骤、数据和参数输入步骤以及控制规定，说明通过终端操作进行查询、检索、修改数据文卷的能力、语言、过程以及辅助性程序等。

7.4　业务逻辑文档

什么是业务逻辑？

业务是指一个实体单元向另一个实体单元提供的服务。

逻辑是指根据已有的信息推出合理的结论的规律。

业务逻辑是指一个实体单元为了向另一个实体单元提供服务,应该具备的规则与流程。

这样看起来可能会觉得这个概念理解起来有点困难,或者用通俗的话来讲,业务逻辑就是系统在进行操作时所应该遵循的一些准则。比如我们进入火车站时需要检票,如果没有票就无法进站,这就是一个业务逻辑。

业务逻辑是系统架构中体现核心价值的部分,主要集中在业务规则的制定、业务流程的实现等与业务需求有关的系统设计上。也就是说,它与系统所处理的领域逻辑有关。

不同的项目有不同的功能,不同的功能需要不同的实现,在我们对系统已经很熟悉的情况下,我们可以整理一份业务逻辑文档。这个文档不仅是对系统业务的总结,还可以为新人或者其他需要的人提供帮忙,让他们在最短的时间内更快地吸收系统的精华。

业务逻辑文档与用户手册的异同在哪里?

业务逻辑文档与用户手册有相同之处,它们都对整个系统的业务进行描述。

它们的不同之处在于用户手册重点介绍操作,指导用户如何使用系统,是需要我们交付给用户的文档;而业务逻辑文档着重于介绍系统中各个功能之间的逻辑关系,是系统之间关系的更细致描述和记录,一般是不需要交付给客户的。

以共享单车为例,用户手册需要向用户介绍如何下载、安装、注册、充值、解锁、还车等操作,用户依据用户手册可以使用共享单车;而业务逻辑文档则针对这些操作的具体功能的内部逻辑来进行描述,如:注册时,如果账户名已经存在,系统应该如何处理,这些逻辑的细节描述都不需要在用户手册中体现,但是可以在业务逻辑文档中进行记录。

实战项目的业务逻辑文档首页与目录分别如图 7-7 和图 7-8 所示。

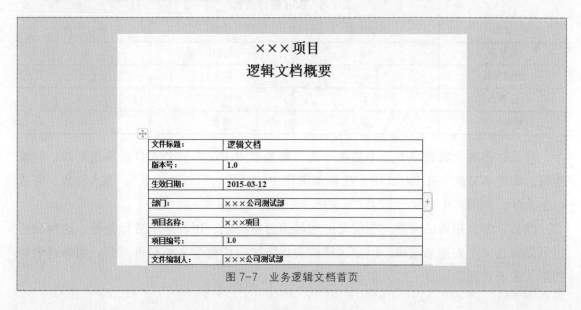

图 7-7 业务逻辑文档首页

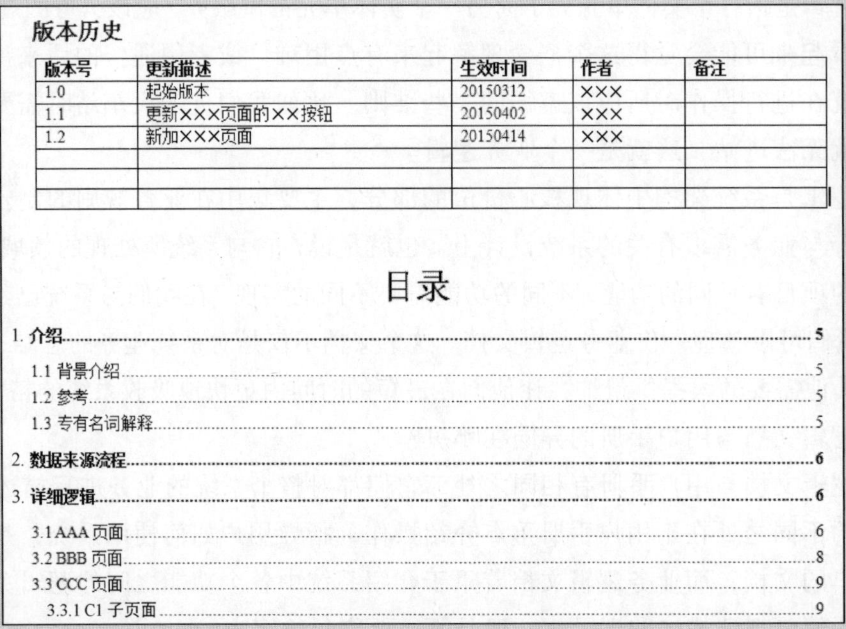

版本历史

版本号	更新描述	生效时间	作者	备注
1.0	起始版本	20150312	×××	
1.1	更新×××页面的××按钮	20150402	×××	
1.2	新加×××页面	20150414	×××	

目录

图 7-8　业务逻辑文档目录

接下来，介绍一些写作小技巧。

首先，学会用 Excel 的功能完成简单易懂的图表分析。某软件共有 169 个 Bug。表 7-5 展示了 Bug 统计信息。

表 7-5　Bug 统计信息

状态	Bug 个数	状态	Bug 个数
未处理	50	处理中	0
测试失败	0	取消	22
已修改	7	测试通过	90
暂不处理	0	结束	0

注意，图表上的数字不是手动填写的，都是运用 Excel 的公式自动算出来的，这既省时，准确率又高。在 Excel 中，选择菜单栏中的"插入"→"函数"，插入函数，完成以上统计，如图 7-9 所示。

然后，学会用表格分析。在前文的边界值分析法中，用表格来进行分析，这种分析也可以通过文字表达来完成，但是这样的表达方式会让整个文档显得冗杂，而通过表格的形式来表达就会一目了然，如表 7-6 所示。

图 7-9 插入函数

表 7-6 用表格分析边界值

边界值类型	边 界 值
有效边界值	当日 24 小时内输错密码 3 次
无效边界值	两日 24 小时内输错密码 3 次

接下来，学会用图表表达。在测试文档的编写中，我们要学会使用图表来表达。例如，在描述黑/白/灰盒时，我们可以借用图片更好地表现，如图 7-10 所示。

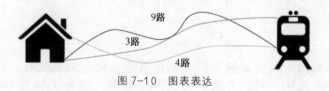

图 7-10 图表表达

接下来，学习文档编写过程中的调整。

在前面，我们对文档的模板和内容进行了详细描述。需要注意的是，文章的模板和内容是固定的，但是编写文档的人是灵活的。在具体的编写过程中，我们需要按照用户的具体要求对相关文档进行调整，对于一些客户需要但是文章中没有提到的，或者文中提到但是客户可能并不需要了解的要点，我们需要在实际编写的过程中进行调整。

文档要内容简洁，描述规范准确，用词标准、统一，层次分明。

学习永无止境。软件测试工作是一个系统而复杂的工程，掌握理论知识固然重要，但在今后的实际工作充满酸甜苦辣，其中的滋味只有自己知道。也许你会感到枯燥，但要学会调整心态，遇到问题也要保持乐观。无论对于什么问题，找到方法都将事半功倍。

所以不要放弃，因为优秀的软件测试工程师要迎难而上。

7.5　进阶要点

文档能力是每一位 IT 职场人士必备的技能。

IT 从业人员往往理工科出身，一般更强调动手实践能力和实际问题处理能力，文笔普遍缺乏锻炼，碰到要写作的任务就头疼，比如，对于编写各类过程文档，整理制度规范等，他们往往不知道从何入手，或者文档质量不高。会干不会表达，也导致很多 IT 从业人员只能闷头苦干，职业发展不是很顺利。

本章结合测试角色经常需要编写的文档介绍了文档编写和管理的一些基础知识。建议读者学习更多的 IT 写作技巧，例如，多用具体数字、事实、细节来呈现信息，用因果关系表达逻辑等，这样日常工作中要写什么东西的时候就游刃有余了。

劳拉·布朗的《完全写作指南》、高杉尚孝的《麦肯锡教我的写作武器》等书都是提升 IT 写作能力的参考书。

7.6　小结

本章介绍了如何编写测试计划、测试报告、用户手册等文档，这些文档往往可用于衡量测试工程师的工作成效，因此需要特别注意编写的效率与质量。

至此，我们了解了软件测试概念、软件测试流程、软件需求、测试用例设计、测试用例执行及 Bug 管理，准备了相关文档，测试完毕后，我们来认识 UAT 及项目上线的相关知识。

第8章　UAT 与项目上线阶段的工作

如果测试软件已经经过 QA 人员的几轮测试，Bug 已经接近零个，那么我们就可以自信地把软件交给用户。可是并不是交给用户，用户就会直接使用软件，他们还需要进一步验证。用户验证的过程称为用户验收测试（User Accept Test，UAT）。在 UAT 完成后，若没有发现任何影响线上使用的问题，软件就可以上线并正式投入使用了。图 8-1 展示了软件的生命周期。

图 8-1　软件的生命周期

8.1　UAT

UAT 主要目的是验证软件是否满足业务需求。这个有效性是由熟悉业务需求的终端用户来进行评审的。

在软件上线和投入使用之前，对于确认所有的业务需求是否满足，UAT 起到了非常重要的作用。实时数据的使用以及真实用户案例使 UAT 成为发布环节不可缺少的部分。

UAT 的重点主要体现在以下几个方面。

- 培训的资料表述要准确全面且易懂（这是理论基础）。
- 人员选择要有代表性（用户基础）。
- 测试流程步骤要周密。
- 制定测试策略（确定一个适合的测试对象及测试人员的测试策略）。
- 表达与处理问题（因为测试者不是专业开发测试人员，对于问题的表达可能不到位，或者表达错误，所以就存在如何复现与转化问题等）。

UAT 交付的标准如下。

（1）系统集成测试（System Integration Test，SIT）完成，重要、次要缺陷修复、验证完成，案例执行完等。

（2）软件满足需求规约中规定的所有功能和性能。

（3）文档资料完整。

UAT 阶段，我们该做什么？

（1）准备用户手册、版本发布说明、测试用例等文档。

（2）支持 UAT，分析用户提出的 Bug 类型，在测试环境中重现 Bug。

（3）对于虚假的 Bug，及时回复用户，与用户沟通确认。

（4）对于真正的 Bug，及时提交到 Bug 管理系统，尽可能备注重现 Bug 的步骤等。

（5）对于需求变更（Change Request，CR），要用户确认签字后才开始跟进。

（6）重测用户提交的疑问，回归测试，并提交测试结果。

（7）在交付版本给用户前，做健康检查（Health Check）。

（8）在 UAT 阶段，除重测疑难问题之外，我们还应该做一些随机性的、探索性的测试。

（9）更新用户手册、业务逻辑文档、测试用例等文档。

（10）总结 UAT 阶段的 Bug，分析用户的测试场景和测试数据，分析用户的测试角度，理解业务的方向。

在发布阶段，要特别关注以下方面。

（1）关于发布内容及发布时间，一定要提前通知各位干系人。

（2）一定要事先评估并考虑清楚发布内容对干系人的影响，如果干系人有异议，一定要进行记录并讨论和确认。

（3）发布前做好备份，以防万一。

（4）对发布后可能造成的影响一定要有一个预先的评估，并采取可能的应对措施，比如，对于可能增加的运维和客服工作量，提前安排。

（5）发布正式版本前，尽可能进行一次以上的模拟升级和仿真测试。

（6）尽量避免在用户使用的高峰时段进行发布，尽量选择用户量小的时段，且发布后的 1～2 天用户使用也比较少的时段。

（7）发布时，如果需要进行停机操作，一定要提前通知所有的干系人。

（8）发布后，一定要发布系统更新日志或者系统公告。

（9）发布后，一定要密切关注客户或者运维的监控状况。

8.2　项目上线阶段的工作

一个项目经过 SIT、UAT 后，就进入最后的项目上线阶段了，即项目投入实际的应用环境中，但项目上线并不是项目的终结。上线期间，我们随时做好应战的准备，因为会有数据、时间、人力资源和产品 Bug 等未知的风险。

　在项目上线阶段该做的事情如下。

（1）在系统中重现用户的问题。

（2）对于不是真正的 Bug，及时回复用户，与用户沟通确认。

（3）对于真正的 Bug，及时提交到 Bug 管理系统，尽可能备注重现 Bug 的步骤等。

（4）对于需求变更，要用户确认签字后才开始跟进。

（5）重新测试日志（retest log），完成回归测试，并提交测试结果。

（6）在交付版本给用户前，做健康检查。

（7）更新用户手册、业务逻辑文档、测试用例等文档。

　在项目上线阶段，需要注意的问题如下。

- 第一时间确认问题是不是 Bug，及时判断影响范围以及修复的风险和成本并上报。
- 并不是所有 Bug 都需要第一时间修复，在分析前修复可能会引发更严重的问题。
- 对于需要立即修复的 Bug，需要深入分析 Bug 产生的根本原因以及解决方案和关联的影响点，并制定相关的测试策略。
- Bug 修复后，多总结和交流。

8.3　进阶要点

　UAT 阶段是临近软件上线的最后阶段，在这个阶段测试人员需要做大量的回归测试。由于这个阶段的软件功能已经很多，而且功能模块之间有着千丝万缕的关联，因此开发人员修改了一处，测试人员可能需要全面地再进行一次测试（回归测试）。

　因为任何系统都需要回归，所以回归测试非常重要。但是谁有时间对每一个小的更改都重新测试系统呢？对于只有 1 周多时间的开发阶段，肯定不能用 1 个月时间完全重新测试整个系统。有一周的测试时间就很幸运了。

　在客观上，时间紧迫是回归测试的最大困难，这是客观难度。但是在主观上，更难的是要克服测试人员的疲劳思维。重复测试相同的功能很难让人提起兴趣，就像每天吃海鲜，要不了多久也会感到味觉疲劳一样（对于一直能正常工作的功能模块，测试人员很容易相信它是稳定的，不会出错的）。

　现实中，我们始终有测试压力。当测试一个新的系统时，完成所有应该完成的测试的时间总不够，因此我们必须充分利用可用的时间，用最好的方法去测试。在这种情况下我们必须使用"基于风险的测试方法"。

　　基于风险的测试的本质是评估系统不同部分蕴含的风险，并重点测试那些高风险的地方。这个方法可能让系统的某些部分缺乏充分的测试，甚至完全不测，但是它保证了这样做的风险是最低的。

　　"风险"对于测试与风险对于其他任何情况是一样的。为了评估风险，我们必须认识到它有两个截然不同的方面——可能性和影响，项目风险如图 8-2 所示。

　　"可能性"是可能出错的机会，即不考虑影响程度，仅仅考虑出现问题的机会有多大。

　　"影响"是确定出错后会造成的影响程度，即不考虑可能性，仅仅考虑出现问题的情况会有多么糟糕。

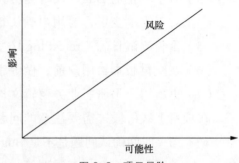

图 8-2　项目风险

　　假设对于一个会计系统，要更改分期付款的利息，程序更改会用 3 天的时间，测试人员会用两天的时间来测试。因为测试人员不能在两天时间内充分测试这个会计系统，所以我们需要评估所做的更改给系统其他部分带来的风险。

- 分期付款模块的功能很可能会出错，因为这些是更改的部分。同时，对于系统来说，它们是相对影响重大的部分，因为它们影响收入。既是可能性高的，又是影响大的，意味着对于系统的这些部分必须投入充分的测试。
- 应收款模块拥有中等程度的错误可能性，因为改变的功能是这个模块的一个重要组成部分。因为收款模块影响收入，所以出错的影响是很大的。收款模块也需要投入足够的测试关注，因为它拥有中-高程度的风险。
- 总账模块拥有低程度的错误可能性。但是由于错误会对公司有重大的影响，因此总账模块拥有低-高程度的风险。
- 应付款出错的可能性很低，因为更改功能与它没有什么关系。这个模块错误后的影响最多也是中等程度的，因此它拥有低-中程度风险，不需要投入太多的测试。

通过分析和利用这些风险信息，我们可能选择这样分配测试资源。

- 50%的测试专注于新改的分期付款模块。
- 30%的测试放在应收款模块。
- 15%的测试放在总账模块。

- 　5%的测试放在应付款模块。

使用基于风险的测试策略不能保证完全没有回归，但是会显著地减少对一个大系统进行的小更改引起的风险。

8.4　小结

本章介绍了 UAT 阶段和上线发布阶段的工作。事实上，Bug 不可能完全在软件上线之前都发现并修正。测试人员在这个阶段除要处理繁重的回归测试任务之外，还需要有清晰的质量思考和判断，确认软件是否能发布，是否达到了发布的质量要求，还存在哪些隐患。这些都需要测试人员及时反馈，把好质量关。

另外，软件上线之后，测试人员还应当与开发人员、运维人员密切配合，做好在线监测的工作，及时发现问题和隐患，及时排查，及时在测试环境中复现问题并协助开发人员定位和修改问题。

第 9 章　软件质量管理

9.1　软件质量管理与软件测试的关系

从范围来说，软件质量管理要比软件测试广很多，软件测试仅是软件质量管理中最直接的一种方式。软件测试的工作主要是基于被测试软件本身的，而软件质量管理则可以从多个方面，用多种方式加以实现。

软件质量管理广义上讲包括质量管理、配置管理、软件测试。质量管理是一系列项目设计、开发、测试、配置等流程的制定、实施与跟踪的过程；而测试只是其中的一个环节。

从过程来说，软件质量管理是全过程的，包括质量规划、质量保证和质量控制。

软件测试虽然与开发过程紧密相关，但关心的不是过程的活动，而是对过程的产物以及开发出的软件进行剖析。

9.2　认识软件质量管理

软件质量管理如图 9-1 所示。

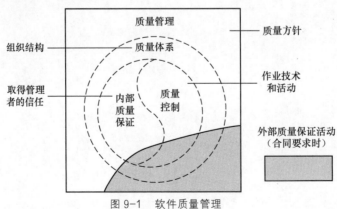

图 9-1　软件质量管理

接下来将会介绍软件质量管理概念、软件质量管理过程、软件质量管理方法、软件质量管理标准和软件质量管理工具。

9.2.1 软件质量管理是什么

古时候人们以为长得结实、饭量大的人很健康，这显然是不科学的。现代人通常通过检查多方面的生理指标来判断一个人是否健康，如测量身高、体重、心跳、血压、血液、体温等。如果上述指标都合格，那么表明这个人是健康的；如果某个指标不合格，则表明此人在某个方面不健康。

类似地，我们可以这样理解软件质量：软件质量是许多质量属性的综合体现，各种质量属性反映了软件质量的方方面面。人们通过改善软件的各种质量属性，从而提高软件的整体质量（否则无从下手）。

1. 什么是软件质量要素

从技术角度讲，对软件整体质量影响最大的那些质量属性才是质量要素；从商业角度讲，客户最关心的、能成为卖点的质量属性才是质量要素。

对于一个特定的软件而言，我们只有判断什么是质量要素，才能给出提高质量的具体措施，而不是盲目把控所有的质量属性（这样不仅做不好，还可能得不偿失）。

如果某些质量属性并不能产生显著的经济效益，我们可以忽略它们，把精力用在对经济效益贡献最大的质量要素上。简而言之，只有质量要素才值得开发人员努力改善。

2. 衡量软件质量的要素有哪些呢

衡量软件质量的要素包括正确性、健壮性、效率、完整性、可用性、风险性、可理解性、可维修性、灵活性、可测试性、可移植性、可重用性和互运行性，如图 9-2 所示。

- 正确性：系统满足规约说明和用户的程度，即在特定环境下能正确地实现预期功能的程度，是第一重要的软件质量属性。
- 健壮性：在硬件发生故障、输入的数据无效或操作错误等意外情况下，系统能够做出适当响应的程度。
- 效率：为了完成预定的功能，系统需要的计算资源的多少。
- 完整性：对未经授权的人使用软件或数据的企图，系统能够控制的程度。
- 可用性：系统实现预定功能的概率令人满意。
- 风险性：按预定的成本和进度把系统开发出来，并且使用户感到满意。

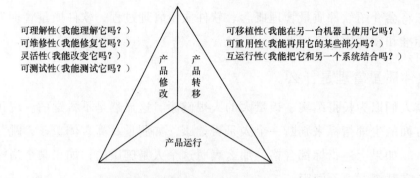

可理解性(我能理解它吗?)　　　　可移植性(我能在另一台机器上使用它吗?)
可维修性(我能修复它吗?)　　　　可重用性(我能再用它的某些部分吗?)
灵活性(我能改变它吗?)　　　　　互运行性(我能把它和另一个系统结合吗?)
可测试性(我能测试它吗?)

正确性(它按我的需要工作吗?)
健壮性(对意外环境它能适当地响应吗?)
效率(完成预定功能时它需要的计算机资源多吗?)
完整性(它是安全的吗?)
可用性(我能使用它吗?)
风险性(能按预定计划完成它吗?)

图 9-2　衡量软件质量的要素

- 可理解性：所有的工作成果易读、易理解，可以提高团队开发效率，降低维护代价。

- 可维修性：诊断和改正在运行现场发生错误所需要的概率。

- 灵活性：修改或改正运行的系统需要的工作量。

- 可测试性：软件容易测试的程度。

- 可移植性：软件不经修改或者稍加修改就可以运行于不同软硬件环境的能力，主要体现为代码的可移植性。

- 可重用性：在其他应用中该程序可以被再次使用的程度（或范围）。

- 互运行性：把该系统和另外一个系统结合起来的工作量。

9.2.2　软件质量管理的过程

软件质量管理过程如图 9-3 所示。

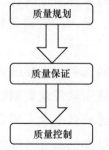

图 9-3　软件质量管理过程

1．质量规划

质量规划主要包括制定该规划的依据、编制规划所用的方法以及编制规划后的输出。表 9-1 列出了质量规划的内容。

表 9-1　质量规划的内容

依　据	工具和方法	结　果
质量方针	成本收益分析	
项目范围说明书	质量标杆法	项目质量计划
成果说明	流程图	项目质量工作说明
标准和规范	因果分析图	质量检查表
其他信息	试验设计	

软件项目质量规划的参考模板如图 9-4 所示。

图 9-4　软件项目质量规划的参考模板

为了展示质量规划的工具与方法，下面给出两个示例——成本收益分析法与流程图法。成本收益分析法中的成本和收益如下。

● 成本：实施项目质量管理活动所需支出的有关费用。

- 收益：满足质量要求而减少返工所获得的好处。

质量成本包括以下 4 部分。

- 内部成本：交货前的成本。
- 外部成本：交货后的成本。
- 预防成本。
- 鉴定成本。

进行质量成本分析（见图 9-5）的目的是寻求最佳质量成本。

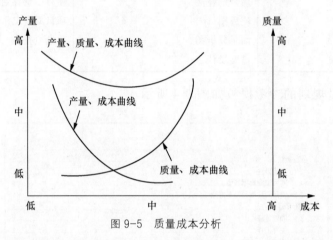

图 9-5 质量成本分析

在不同项目中，在项目的不同阶段，质量成本的 4 部分的比例是不相同的。但它们的发展趋势总有一定的规律性，如在开展质量管理的初期，当质量水平不太高时，一般鉴定成本和预防成本较低。

随着质量要求的提高，这两项费用就会逐渐增加；当质量达到一定水平后，如再需提高，这两项费用将急剧上升。

内部成本和外部成本的情况正好相反，当合格率较低时，内部成本、外部成本较高；随着质量要求的提高，质量成本会逐步降低。

以工作流程中几个活动之间的相互关系为基础，流程图法如图 9-6 所示。

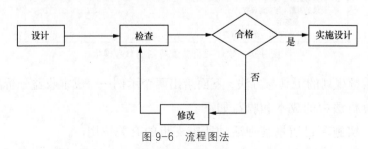

图 9-6 流程图法

2. 质量保证

质量保证的主要内容如表 9-2 所示。

表 9-2　质量保证的主要内容

依　据	工具和方法	结　果
项目质量计划 项目质量计划的实际执行情况 项目质量工作说明	项目质量计划的方法 质量审计 事先规划 质量活动分解 质量保证体系	质量改进与提高的建议

质量保证的中心思想如下。

- 以检测为重点。
- 以过程管理为重点。
- 以产品开发为重点。

质量保证体系的总体要求如表 9-3 所示。

表 9-3　质量保证体系的总体要求

编　号	要　求
1	识别质量保证体系所需的过程及其在组织中的应用
2	确定这些过程的顺序和相互作用
3	确定为确保这些过程的有效动作和控制所需要的准则与方法
4	确保可以获得必要的资源和信息，以支持这些过程的运作
5	监视、测量和分析这些过程
6	采取必要的措施，以实现对这些过程及其产生的结果的持续改进

质量保证过程是指采用主要的工具和技术，以及质量审计、过程分析以及质量控制的过程。

质量审计指对特定的质量管理活动的结构化审查，以便确定项目活动是否符合组织与项目政策、过程和程序。

根据过程改进计划，采用过程分析技术从组织和技术角度识别所需的改进，其中也包括对遇到的问题、约束条件和无价值活动进行检查。

示例质量审计报告如表 9-4 所示。

表 9-4　示例质量审计报告

项目名称	NBIIS 电子收费系统	项目标识	
审计人	张*	审计对象	《功能测试报告》
审计时间	2019-01-24	审计次数	2
审计主题	从质量保证管理的角度审计测试报告		
审计项与结论			
审计要素	审计结果		
测试报告与产品标准的符合程度	与产品标准相比，存在如下不符合项： ● 　封面的标识； ● 　目录； ● 　第 1 章和第 5 章（内容与标准有一定出入）		
测试执行情况	第 4 章基本描述了测试执行情况，所以题目应为"测试执行情况"		
测试情况结论	测试总结不存在		
结论（包括上次审计问题的解决方案）			
由于测试报告存在上述不符合项，因此建议修改测试报告，并进行再次审计			
审核意见			
不符合项基本属实，审计有效！ 审核人：张* 审核日期：2019 年 1 月 24 日			

3. 质量控制

质量控制的内容如下：

● 　项目产品或服务的质量控制；

● 　项目管理过程的质量控制。

质量控制包括事前质量控制、事中质量控制和事后质量控制。

事前质量控制的内容如下。

● 　审查开发组织的技术资源，选择合适的项目承包组织。

● 　对所需资源质量进行检查与控制。没有经过适当测试的资源不得在项目中使用。

● 　审查技术方案，保证在项目质量方面具有可靠的技术措施。

● 　协助开发组织完善质量保证体系和质量管理制度。

事中质量控制的内容如下。

● 　协助开发组织完善实施控制。

- 严格交接检查。

- 对完成的分项应按相应的质量评定标准和方法进行检查、验收，并按合同或需求规约说明书行使质量监督权。

- 组织定期或不定期的评审会议，及时分析、通报项目质量状况，并协调有关组织间的业务活动等。

事后质量控制的内容如下。

- 按规定质量评价标准和办法，组织单元测试和功能测试，并进行检查验收。

- 组织系统测试和集成测试。

- 审核开发组织的质量检验报告及有关技术性文件。

- 整理有关项目质量的技术文件，并编号、建档。

质量控制的工具主要有帕累托图、因果图、流程图、统计抽样。

下面以帕累托图（见图9-7）和因果图（见图9-8）为例进行展示。

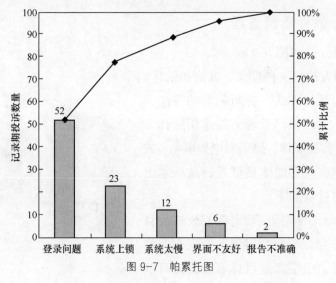

图 9-7 帕累托图

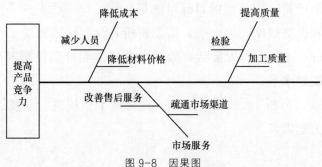

图 9-8 因果图

质量控制的结果如下。

- 质量控制衡量值，这是质量控制活动的成果，需要反馈给质量保证部门，用于重新评价与分析执行的质量标准与过程。
- 确认的缺陷补救情况。
- 更新的质量基准。
- 推荐的纠正措施。
- 推荐的预防措施。
- 请求的变更。
- 推荐的缺陷补救。
- 更新的组织过程资产。
- 确认的可交付成果。
- 更新的项目管理计划。

9.2.3　如何进行软件质量管理

六西格玛管理方法如图 9-9 所示。

六西格玛管理方法是一种理念、方法和工具。它告诉人们思考问题的方式，分析问题的方法，解决问题的途径。六西格玛管理方法运用统计方法发现和寻找事物发展规律，提示和把握事物（或问题）的内在规律和外部的本质联系，从根本上解决问题。其中的过程如下。

图 9-9　六西格玛管理方法

- D（Define，界定）：确定需要改进的目标及其进度，企业高层领导确定企业的策略目标，中层营运目标可能是提高制造部门的生产量，项目层的目标可能是减少次品和提高效率。界定前，需要辨析并绘制出流程。
- M（Measure，测量）：以灵活有效的衡量标准测量和权衡现存的系统与数据，了解现有质量水平。
- A（Analyze，分析）：利用统计学工具对整个系统进行分析，找到影响质量的少数几个关键因素。

- I（Improve，改进）：运用项目管理和其他管理工具，针对关键因素确立最佳改进方案。

- C（Control，控制）：监控新的系统流程，采取措施以维持改进的结果。

9.2.4 论标准的重要性

软件质量管理的标准有 CMM、CMMI ISO9000 等。

1. CMM 标准

CMM 是能力成熟度模型（Capacity Maturity Model）的简称，是卡内基-梅隆大学软件工程研究院（Software Engineering Institute，SEI）为了满足美国联邦政府评估软件供应商能力的要求，于 1986 年开始研究的模型，并于 1991 年正式推出了 CMM 1.0 版。国内外很多资料把 CMM 叫作 SW-CMM。

CMM 目前代表着软件发展的一种思路，一种提高软件过程能力的途径。CMM 为软件企业的过程能力提供了一个阶梯式的进化框架，而且是提高软件过程能力的有用工具。它采用分层的方式来安排它的组成部分，目的是适应不同机构使用的需要。

CMM 把软件开发组织的能力成熟度分为 5 个可能的等级。这种分级的思路在于把一个组织执行软件过程的成熟程度分成几个循序渐进的阶段，这与软件组织提高自身能力的实际推进过程相吻合。这种成熟度分级的优点在于，这些级别明确而清晰地反映了过程改进活动的轻重缓急和先后顺序。

CMM 的五级如下。

- 初始级。在这一级，企业一般不具备稳定的软件开发与维护的环境。在遇到问题的时候，企业常常放弃原定的计划而只关注编程与测试。

- 可重复级。在这一级，建立了管理软件项目的政策以及为贯彻执行这些政策而制定的措施。基于过往项目的经验计划与管理新的项目。

- 定义级。在这一级，定义有关软件工程与管理工程的一个特定的、面对整个企业的软件开发与维护过程的文件。同时，把这些过程集成为一个协调的整体。这就称为企业的标准软件过程。

- 定量管理级。在这一级，企业为产品与过程建立起定量的质量目标，同时在过程中加入规定得很清楚的、连续的度量。作为企业的度量方案，要对所有项目的重要的过程活动进行生产率和质量的度量。软件产品因此具有可预期的高质量。

- （不断）优化级。在这个等级，整个企业将会把重点放在对过程进行不断的优化。

企业会主动找出过程的优缺点，以达到预防缺陷的目标。同时，分析有关过程的有效性的资料，做出对新技术的成本与收益的分析，提出对过程进行修改的建议。

2．CMMI 标准

能力成熟度模型集成（Capability Maturity Model Integration，CMMI）是在 CMM 基础上发展起来的，CMMI 继承并发扬了 CMM 的优良特性，借鉴了其他标准的优点，融入了新的理论和实际研究成果。CMMI 不仅能够应用在软件工程领域，还可以用于系统工程及其他工程领域。

CMMI 有两种表现形式：一种是和 CMM 一样的阶段式表现方法，另一种是连续式表现方法。这两种方法的区别是，阶段式表现方法仍然把 CMMI 中的若干个过程区域分成 5 个成熟度级别，帮助实施 CMMI 的组织确立一条比较容易实现的过程改进发展道路。

3．ISO9000 标准

ISO9000 系列标准是指国际标准化组织中质量管理和质量保证技术委员会制定的所有标准。自 1987 年发布以来，国际标准化组织又陆续发布了十几个相关标准和指南，形成了质量管理和质量保证标准体系，得到了世界各国的广泛采用和实施。这些标准和指南可分为质量术语标准、质量保证标准、质量管理标准、质量管理和质量保证标准的选用和实施指南以及支持性技术标准。

其中，ISO9000 软件质量标准系列包括 ISO9001、ISO9000-3、ISO9004-2、ISO9004-4、ISO9002。ISO9001 是 ISO9000 系列标准中软件机构推行质量认证工作的一个基础标准，是在设计、开发、生产、安装和维护软件时保证质量的参考文件。它于 1994 年由国际标准化组织公布，我国已及时将其转换为国家推荐标准，编号为 GB/T 19001-1994；ISO9000-3 是对 ISO90001 进行改造后，用于在软件行业中指导软件开发、供应和维护活动的文件；ISO9004-2 是指导软件维护和服务的质量系统标准；ISO9004-4 是近几年公布的很有用的附加标准，是用来改善软件质量的质量管理系统文件。

CMM & CMMI & ISO9000 的等级如表 9-5 所示。

表 9-5　CMM & CMMI & ISO9000 的等级

等级	CMM	CMMI（阶段式）	CMMI（连续式）	ISO9000
1	初始级	初始级	已执行级	已执行级
2	可重复级	可管理级	已管理级	已管理级

续表

等级	CMM	CMMI（阶段式）	CMMI（连续式）	ISO9000
3	已定义级	已定义级	已定义级	已建立级
4	已管理级	量化管理级	量化管理级	可预测级
5	优化级	优化级	优化级	优化级

9.2.5 提升工作效率的好工具

软件质量管理工具如表 9-6 所示。

表 9-6 软件质量管理工具

简　称	全　称	描　述	作　用
APQP	Advanced Product Quality Planning	用于产品质量前期策划，是一种结构化的方法，用来确定确保某产品使顾客满意所需的步骤。 产品质量策划的目标是促进与所涉及的每一个人的联系，以确保所要求的步骤按时完成	• 引导资源，使顾客满意。 • 促进对所需更改的早期识别。 • 避免晚期更改。 • 以最低的成本及时提供优质产品
SPC	Statistical Process Control	用于统计过程控制，主要是指应用统计分析技术对生产过程进行适时监控，科学区分出生产过程中产品质量的随机波动与异常波动，从而对生产过程的异常趋势提出预警，以便生产管理人员及时采取措施，消除异常，恢复过程的稳定从而达到提高和控制质量的目的。SPC 适用于重复性的生产过程	• 确保制程持续稳定、可预测。 • 提高产品质量、生产能力、降低成本。 • 为制程分析提供依据。 • 区分变差的特殊原因和普遍原因，作为对系统采取措施的指南
FMEA	Potential Failure Mode and Effects Analysis	用于潜在的失效模式及后果分析，是指在产品/过程/服务等的策划设计阶段，对构成产品的各子系统、零部件，对构成过程、服务的各个程序逐一进行分析，找出潜在的失效模式，分析其可能的后果，评估其风险，确保顾客满意的系统化活动	• 减少失效模式。 • 降低失效的概率。 • 有效地提高质量与可靠性
MSA	Measurement System Analysis	用于测量系统分析，使用数理统计和图表的方法对测量系统的误差进行分析	评估测量系统对于被测量的参数来说是否合适，并确定测量系统误差的主要成分
PPAP	Production Part Approval Process	不仅是关于生产件的控制程序，还是一种质量管理方法	——

9.2.6　软件质量管理之项目实战

1. 项目简介

码头业务中，集装箱的相关操作在码头系统（Terminal System）中完成，收费单据在电子收费系统（e-Billing System）中产生。把集装箱的相关操作传输到收费系统中产生具体的收费单据。

在收费系统中，有一种是预付费类型，即面对面收费。在进行收费的时候，我们需要从码头系统传输数据到电子收费系统，产生收费单据，但目前产生费用单据的速度较慢，经常会出现排队缴费的情况，客户需求是缩短费用单据的产生时间，保证收费顺畅。

具体的时间要求如下。

（1）电子收费系统要在 6s 内产生 10 个新集装箱的费用单据。

（2）电子收费系统要在 20s 内更新 10 个集装箱的费用单据。

2. 可行性分析

为了提高费用单据产生的速度，我们要提高服务器处理速度。要提高服务器的处理速度，我们可以加大内存，但对于一台服务器而言，内存不能无限加大，所以考虑解决的办法是拆分逻辑到多个服务器，来提高处理速度。

3. 制订计划

根据分析，我们可以通过分布式处理来提高产生收费单据的速度。下面我们就考虑具体怎样满足这个需求。具体计划如表 9-7 所示。

表 9-7　项目质量管理计划

编号	任务描述	任务	分配人员	计划时间（人·天）	计划开始时间	计划结束时间	实际开始时间	实际结束时间
1	根据用户需求，列出哪些功能模块需要重新编写，除配置文件之外	分析	Hank/Gavin	2	2018-12-3	2018-12-4		
2	修改相关的功能模块的逻辑和属性	编码	Hank/Gavin	8	2018-12-5	2018-12-12		
3	① 输入多个集装箱编号，产生收费单。② 不同用户输入相同集装箱编号，产生收费单。③ 输入提货单号，产生收费单。④ 输入运货单号，产生收费单。⑤ 查询过程中，执行服务器断开连接的异常测试	单元测试	Vic	0.5	2018-12-13	2018-12-13		

续表

编号	任务描述	任务	分配人员	计划时间（人·天）	计划开始时间	计划结束时间	实际开始时间	实际结束时间
4	恢复系统测试过程中的 Bug	Bug修复	Hank/Gavin	3	2018-12-15	2018-12-17		
5	分析用户需求文档	分析	Kai	1	2018-12-3	2018-12-3		
6	设计测试用例	设计	Joy	3	2018-12-4	2018-12-6		
7	部署测试环境	部署	Kai	0.5	2018-12-13	2018-12-13		
8	执行测试	系统测试	Kai/Joy	11	2018-12-14	2018-12-24		
9	跟进 Bug	回归测试	Kai/Joy	3	2018-12-25	2018-12-27		
10	完成发布前的健康检查	测试	Kai/Joy	1	2018-12-28	2018-12-28		

4. 一般质量要求

缺陷率（严重或一般或微小/有效缺陷数）的分布一般为严重占 10%，一般占 70%，微小占 20%。

成本质量（实际用时/计划用时）原则上不能偏离计划的 15%～20%或–20%～–15%。

5. 部署服务器

需要具体部署的服务器有电子收费系统服务器、块（block）服务器、名称服务器、客户服务器和数据库服务器。

电子收费系统服务器和生产者服务器的配置如下。

- 内存：6GB。
- JDK 版本：1.6.0_43。

块服务器（MQ）的配置如下。

- 内存：8GB。
- JDK 版本：1.8.0_191。

名称服务器的配置如下。

- 内存：4GB。
- JDK 版本：1.8.0_191。

客户服务器的配置如下。

- 内存：6GB。
- JDK 版本：1.6.0_43。

数据库服务器的配置如下。

- c3p0 Connection count：200（Ref：SAPT Production = 50 currently）。
- Cursor count：2000（Ref：SAPT Production = 2000 currently）。

服务器之间的关系如图 9-10 所示。

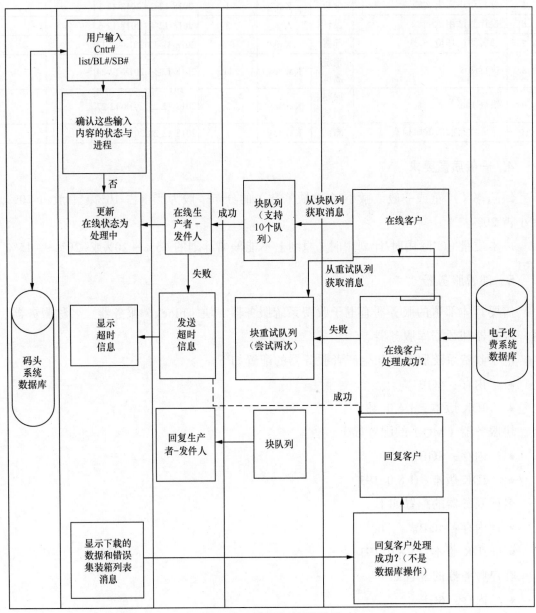

图 9-10　服务器之间的关系

在开发人员按照计划进行分析、编码的时候，测试人员需按照计划进行测试用例设计，下面讲一下测试用例的设计。

6. 测试用例设计

根据需求，此部分的测试用例设计分为两部分：一部分为功能方面的测试，另一部分为性能方面的测试。

功能方面的测试也分为两部分：一部分是正常下载数据时的测试，另一部分是服务器切断时的测试。测试用例设计主要采用等价类划分法、边界值分析法及场景法等。

性能方面的测试用例设计主要采用场景法，包括单用户及多用户的操作等。

根据需求分析，设计的功能测试用例如图 9-11 所示。

Planned Testing Date T.	Test case number /Name	UR/BRD information	Test case description	Test Data set	Function/Charge	Steps
14-Dec-18	Billing_101941_001	Online_function_with_MQ_Demo	Input data exist in Billing but not in Terminal	Container	CCCM	Input container# and click "Search" button
14-Dec-18	Billing_101941_002	Online_function_with_MQ_Demo		BL		Input BL# and click "Search" button
14-Dec-18	Billing_101941_003	Online_function_with_MQ_Demo		SB		Input SB# and click "Search" button
14-Dec-18	Billing_101941_004	Online_function_with_MQ_Demo	Input multiple container# and run online function --All not processing	Container-10 new container	Terminal	Create 10 new containers in Terminal
14-Dec-18	Billing_101941_005	Online_function_with_MQ_Demo			Billing_cntr_lock	Check all containers not in Billing_cntr_lock
14-Dec-18	Billing_101941_006	Online_function_with_MQ_Demo			CCCM	Click "Search" button
14-Dec-18	Billing_101941_007	Online_function_with_MQ_Demo			Block Server	Open Rocket MQ Console
14-Dec-18	Billing_101941_008	Online_function_with_MQ_Demo				
14-Dec-18	Billing_101941_009	Online_function_with_MQ_Demo				After MQ Job, back to Billing_cntr_lock table
14-Dec-18	Billing_101941_010	Online_function_with_MQ_Demo				
14-Dec-18	Billing_101941_011	Online_function_with_MQ_Demo				Check value from CCCM
14-Dec-18	Billing_101941_012	Online_function_with_MQ_Demo		Container-10 new container and update 10 container	Terminal	Create 10 new containers and update other 10 containers in Terminal
14-Dec-18	Billing_101941_013	Online_function_with_MQ_Demo				Check all containers not in Billing_cntr_lock
14-Dec-18	Billing_101941_014	Online_function_with_MQ_Demo			CCCM	Click "search" button
14-Dec-18	Billing_101941_015	Online_function_with_MQ_Demo				Open Rocket MQ console to check the message on queue
14-Dec-18	Billing_101941_016	Online_function_with_MQ_Demo				
14-Dec-18	Billing_101941_017	Online_function_with_MQ_Demo				After MQ job running
14-Dec-18	Billing_101941_018	Online_function_with_MQ_Demo				Check value from CCCM

图 9-11 功能测试用例

共有 227 条测试用例，主要功能点包括以下几个。

- 用集装箱号码（Container No.）搜索产生费用单。
- 用提货单号（Bill of Lading No.）搜索产生费用单。
- 用运输单号（Shipping Bill No.）搜索产生费用单。
- 多用户操作同一条数据。
- 单用户操作多条数据。

- 电子收费系统服务器、电子收费系统数据库、块服务器、码头系统数据库和客户服务器异常切断的时候，系统能给出准确的提示。

性能测试用例如图 9-12 所示。

| Job | | Cycle 1 (Test in v*** by *** on ***) | | | | | | | Online Search Performance |
Job Name (Description)	Action	MQ Amount	Container Amount	User Amount	Start Time	End Time	Duration (Sec)	Remark
ODP	Click Search Button	1	1	1				
ODP	Click Search Button	1	10	1				
ODP	Click Search Button	1	50	1				
ODP	Click Search Button	1	100	1				
ODP	Click Search Button	2	1	1				
ODP	Click Search Button	2	10	1				
ODP	Click Search Button	2	50	1				
ODP	Click Search Button	2	100	1				
ODP	Click Search Button	3	1	1				
ODP	Click Search Button	3	10	1				
ODP	Click Search Button	3	50	1				
ODP	Click Search Button	3	100	1				
ODP	Click Search Button	1	1	2				
ODP	Click Search Button	1	10	2				
ODP	Click Search Button	1	50	2				
ODP	Click Search Button	1	100	2				
ODP	Click Search Button	2	1	2				
ODP	Click Search Button	2	10	2				
ODP	Click Search Button	2	50	2				
ODP	Click Search Button	2	100	2				
ODP	Click Search Button	3	1	2				
ODP	Click Search Button	3	10	2				
ODP	Click Search Button	3	50	2				
ODP	Click Search Button	3	100	2				
ODP	Click Search Button	1	1	4				
ODP	Click Search Button	1	10	4				
ODP	Click Search Button	1	50	4				

图 9-12　性能测试用例

共有 51 条测试用例，主要功能点包括以下几个。

- 启动一个消息队列服务器，验证单用户和多用户对不同数量集装箱的操作。
- 启动多个消息队列服务器，验证单用户和多用户对不同数量集装箱的操作。

注意，当操作 10 个集装箱的时候，时间要满足需求（产生费用单据的时间不超过 6s，更新费用单据的时间不超过 20s）。

7. 执行结果分析

执行测试用例后，发现的 Bug 信息如表 9-8 所示。

表 9-8　发现的 Bug 信息

Priority（优先级）	Incident Type（事件描述）	Amount（数量）	严重缺陷率
LOW（低）	Bug	6	11.5%
MEDIUM（中）	Bug & Performance	16+5	86.5%
HIGH（高）	Bug & Performance	19+5	
CRITICAL（严重）	Bug	1	2%

Bug 分析如表 9-9 所示。

表 9-9　Bug 分析

编号	用例	Bug数量	用例有效率	执行说明	计划用时（小时）	实际用时（小时）	成本质量（实际用时/计划用时）
1	功能用例 227 个	42	19%	每执行 5 个用例得到 1 个 Bug	27	4	(4.3/27)×100%=15.9%
2	性能用例 51 个	10	20%	每执行 5 个用例得到 1 个 Bug	38	6.3	(6.3/38)×100%=16.6%

另外，在总共的 52 个 Bug 中，被开发人员拒绝的 Bug 有 3 个，无效缺陷率为 5.8%，即 100 个 Bug 中有 6 个 Bug 是不被开发组承认的。由于项目的情况不同，因此目前没有具体可以参考的数值，对于这类 Bug，测试人员需要进行进一步分析 Bug 出现的原因，是双方对需求理解的角度不同，还是系统数据错误，还是测试人员单方面操作错误等。

8. 总结

对于此案例中的 Bug，低优先级的严重缺陷率是 11.5%，中高优先级的严重缺陷率是 86.5%，严重优先级的严重缺陷率是 2%，基本符合严重缺陷率（微小缺陷约占 20%，一般缺陷约占 70%，严重缺陷约占 10%）的大致分布。

成本质量 15.9%与 16.6%基本符合成本质量（15%～20%）的要求。

在用例有效率方面，19%（对于功能用例）和 20%（对于性能用例）略微偏低。在测试用例的设计方面，我们可以进行一些提升，提高单位用例的 Bug 数量。

质量管理是一个全过程的环节，从最初的熟悉需求到可行性分析，然后使用分布式的方法满足需求；接着制订计划，规划具体的实施方案，呈现开发和测试的布局，采用最优的设计方法进行用例设计，执行测试；最后，根据测试结果进行分析，分析成本质量、严重缺陷率、用例有效率等，通过不断调整，使整个项目的质量更好。

附录 A　软件测试面试技巧和常见面试题

A.1　面试技巧

在衣着方面，你一定要得体，最好穿一身新衣服去面试。考研教师张雪峰说过："穿上一身新衣服，会给你一种心理暗示，你会不由自主地自信!"形象很重要。某主持人1995年在美国面试的时候，觉得自己能力够，专业知识也没问题，但就是面试不成功。一次面试中，面试官说："你的简历与你的形象不符。"她低头看看自己的打扮，很明显，因为穿着问题，她被鄙视了。从那以后她暗暗发誓一定改变自己的形象。为了应聘一家大型化妆品公司的市场推广，深知形象重要性的该主持人为自己精心准备了一套得体的着装，结果证明了她这一次的准备是对的。几轮面试后，那个干练的女上司对她说："你非常优秀，欢迎你的加入。"

面试一定要有信心，因为你要给到面试官这样一个信号：我能胜任这份工作，我可以做好。如果你自己都不相信自己能胜任这份工作，你觉得面试官敢招一个这样的人吗？问到你不熟悉或者不会的领域，给面试官入职后我能很快学会的信号，讲一个你自己学习的故事来证明你的学习效率。最好将面试官带入你熟悉的领域，把主动权掌握在自己手上。即使面试官问到你不熟悉的领域，这次面试没成功，你也不要气馁。回去你赶紧熟悉这个领域的东西，为下一次面试做准备，这是一个积累的过程，你的知识面会越来越广。简历上面写的技能一定要熟，面试中，技能方面的问题中绝大部分是围绕你的简历来问的。

基础是关键，基础知识一定要牢靠，不然你的信心从何而来？基础知识就是你的底气，要将测试的流程、测试的目的、测试的方法等牢记于心。面试官问问题的时候会非常随意。例如，这个杯子、这张纸、这支笔怎么测试？思维一定要发散，要从不同的方面去考虑这个问题，比如从功能性、安全性、兼容性、可移植性、易用性等方面诠释这个问题。几种测试方法一定要熟悉，要熟悉什么时候适合使用什么方法，怎么用。结合一些例子回答问题，说明以前在这一方面我是怎么怎么做的。面试的时候，对于面试官问的问题，你可以引申一下，说出自己的想法，回答问题的时候一定要看着面试官的眼睛，把面试当作一次聊天。

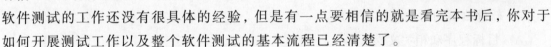

面试最重要的秘诀是什么？不是怯场，不是自负，是自信，是对专业知识的侃侃而谈，是面对面试官的不卑不亢，如果能做到这一点，你至少成功了 80%。

关于面试的技巧和小攻略，很重要的一点就是要有信心。尽管你可能觉得自己还是初学者，对于整个软件测试的工作还没有很具体的经验，但是有一点要相信的就是看完本书后，你对于如何开展测试工作以及整个软件测试的基本流程已经清楚了。

另外，你要相信的一点就是，哪怕你现在没有经验，但是通过面试以后在未来的工作中你可以凭借自己的学习能力很好地适应并完成这份工作。

如果在面试或者工作中遇到本书没有介绍到的知识点要怎么处理呢？初学者也千万不要担心。

关于软件测试，网上有很多资料可以查询和学习，我们可以通过百度或者其他方式在网上了解更多信息。

最后，软件测试是一份初始感觉很浅但越深入研究越有趣、越有挑战的工作。深入了解并参与项目之后，你会发现关于测试的学习永无止境。学海无涯苦作舟。比如现在很多公司越来越注重自动化测试和性能测试等，对这些知识点和学习方法感兴趣的读者可以在网上查找资料，也可以关注本书的配套微博"国际软件质量咨询"。

同时，关于本书的任何意见和建议都欢迎通过微博留言的方式告知我们，我们会加以完善，更好地满足读者的学习需求。

A.2　常见软件测试面试题及答案

一、选择题

1. 下列关于 alpha 测试的描述中正确的是（AD）

A. alpha 测试需要用户代表参加

B. alpha 测试不需要用户代表参加

C. alpha 测试是系统测试的一种

D.　alpha 测试是验收测试的一种

2.　测试设计员的职责有（BC）

A.　制订测试计划 　　　　　　　　B.　设计测试用例

C.　设计测试过程、脚本 　　　　　D.　评估测试活动

3.　软件质量的定义是（D）

A.　软件的功能性、可靠性、易用性、效率、可维护性、可移植性

B.　满足规定用户需求的能力

C.　最大限度达到用户满意

D.　软件特性的总和，以及满足规定和潜在用户需求的能力

4.　软件测试的对象包括（B）

A.　目标程序和相关文档

B.　源程序、目标程序、数据及相关文档

C.　目标程序、操作系统和平台软件

D.　源程序和目标程序

5.　软件测试类型按开发阶段划分为（B）

A.　需求测试、单元测试、集成测试、验证测试

B.　单元测试、集成测试、确认测试、系统测试、验收测试

C.　单元测试、集成测试、验证测试确认测试、验收测试

D.　调试、单元测试、集成测试、用户测试

6.　V 模型指出，对程序设计进行验证的是（A）

A.　单元和集成测试 　　　　　　　B.　系统测试

C.　验收测试和确认测试 　　　　　D.　验证测试

7.　V 模型指出，对系统设计进行验证的是（B）

A.　单元测试 　　　　　　　　　　B.　集成测试

C.　功能测试 　　　　　　　　　　D.　系统测试

8.　V 模型指出，应当追溯到用户需求说明的是（C）

A.　代码测试 　　　　　　　　　　B.　集成测试

C.　验收测试 　　　　　　　　　　D.　单元测试

9.　以下测试与其余三种测试在分类上不同的是（D）

A.　负载测试 　　　　　　　　　　B.　强度测试

C.　数据库容量测试 　　　　　　　D.　静态代码走查

10. 白盒测试是（B）的测试

A. 基于功能
B. 基于代码
C. 基于设计
D. 基于需求文档

11.（B）根据输出对输入的依赖关系设计测试用例。

A. 路径测试
B. 等价类划分法
C. 因果图
D. 边界值分析法

12. 软件测试的目的是（B）

A. 评价软件的质量
B. 发现软件的错误
C. 找出软件中的所有错误
D. 证明软件是正确的

二、填空题

1. 软件验收测试包括<u>正式验收测试</u>、<u>alpha 测试</u>、<u>beta 测试</u>。

2. 软件的六大质量特性包括<u>功能性</u>、<u>可靠性</u>、<u>可用性</u>、<u>效率</u>、<u>稳定性</u>、<u>可移植性</u>。

3. 软件测试按照不同的划分方法，有不同的分类。

（1）按照软件测试用例的设计方法，软件测试分为<u>白盒测试法</u>和<u>黑盒测试法</u>。

（2）从是否执行程序的角度，软件测试分为<u>静态测试</u>和<u>动态测试</u>。

（3）按照软件测试的策略和过程，软件测试可分为<u>单元测试</u>、<u>集成测试</u>、<u>系统测试</u>、<u>验证测试</u>和<u>确认测试</u>。

4. 软件生命周期包括<u>计划制订</u>、<u>需求分析定义</u>、<u>软件设计</u>、<u>程序编码</u>、<u>软件测试</u>、<u>软件运行</u>、<u>软件维护</u>、<u>软件停用</u>。

5. 系统测试的策略有<u>功能测试</u>、<u>性能测试</u>、<u>可靠性测试</u>、<u>负载测试</u>、<u>易用性测试</u>、<u>强度测试</u>、<u>安全性测试</u>、<u>配置测试</u>、<u>安装测试</u>、<u>卸载测试</u>、<u>文档测试</u>、<u>界面测试</u>、<u>容量测试</u>、<u>兼容性测试</u>、<u>可用性测试</u>。

6. 一个文本框要求输入 6 位数字密码，且对于每个账户每天只允许出现三次输入错误，对此文本框进行测试设计的等价区间有<u>密码位数（6 和非 6）</u>；<u>密码内容（数字和非数字）</u>；<u>输入次数（3 以内和超过 3）</u>。

三、判断题（正确的用√表示，错误的用×表示）

1. 软件测试的目的是尽可能多地找出软件的缺陷。（√）

2. 验收测试是由最终用户来实施的。（×）

3. 要充分注意软件测试中的群集现象。（√）

4. 单元测试能发现约 80% 的软件缺陷。（√）

5. 代码评审是指检查源代码是否达到模块设计的要求。（×）

6. 好的测试方案极可能发现迄今为止尚未发现的错误。（×）

7. 测试人员要坚持原则，缺陷未修复完坚决不予通过。（×）

8. 代码评审员一般由测试员担任。（×）

9. 我们可以人为地使得软件不存在配置问题。（×）

10. 集成测试计划在需求分析阶段快结束时提交。（×）

11. 软件测试就是为了验证软件功能是否正确实现，是否完成既定目标的活动，所以软件测试在软件工程的后期才开始具体的工作。（×）

12. 对于发现的错误多的模块，残留在模块中的错误也多。（√）

13. 如果测试人员在测试过程中发现一处问题，该问题的影响不大，而自己又可以修改，应立即修改此问题，以加快开发的进度。（×）

四、简答题

Q1：什么是软件测试？

回答：测试是为发现错误而执行程序的过程。

软件测试就是利用测试工具按照测试方案和流程对产品进行功能和性能测试，甚至根据需要编写不同的测试工具，设计和维护测试系统，对测试方案可能出现的问题进行分析和评估。执行测试用例后，需要跟踪故障，以确保开发的产品适合需求。

Q2：简述集成测试的过程。

回答：（1）制订集成测试计划。

（2）设计集成测试用例。

（3）实现集成测试。

（4）执行集成测试。

Q3：怎么做好文档测试？

回答：（1）仔细阅读，跟随每个步骤，检查每个图形，尝试每个示例。

（2）检查文档的编写是否满足文档编写的目的。

（3）检查内容是否齐全、正确。

（4）检查内容是否完善。

（5）检查标记是否正确。

Q4：比较负载测试、容量测试和强度测试的区别。

回答：负载测试用于验证在一定的工作负荷下，系统的负荷及响应时间。

强度测试用于验证在一定的负荷条件下，在较长时间跨度内，系统连续运行给系统性能所造成的影响。

容量测试目的是通过测试预先分析出反映软件系统应用特征的某项指标的极限值（如最大并发用户数、数据库记录数等），系统在其极限值状态下没有出现任何软件故障或主要功能还能正常运行。容量测试还将确定测试对象在给定时间内能够持续处理的最大负载或工作量。

Q5：软件的缺陷等级应如何划分？

回答：软件的缺陷等级分为 A 类、B 类、C 类、D 类。A 类表示严重错误，包括以下各种错误。

（1）程序引起的死机、非法退出。

（2）死循环。

（3）数据库发生死锁。

（4）错误操作导致的程序中断。

（5）功能错误。

（6）与数据库连接错误。

（7）数据通信错误。

B 类表示较严重的错误，包括以下各种错误。

（1）程序错误。

（2）程序接口错误。

（3）数据库的表、业务规则、默认值未加完整性等约束条件。

C 类表示一般性错误，包括以下各种错误。

（1）操作界面错误（包括数据窗口内列名定义、含义不一致）。

（2）打印内容、格式错误。

（3）简单的输入限制未在前台进行。

（4）删除操作未给出提示。

（5）数据库表中有过多的空字段。

D 类表示较小错误，包括以下各种错误。

（1）界面不规范。

（2）辅助说明不清楚。

（3）输入/输出不规范。

（4）长操作未给用户提示。

（5）窗口文字未采用行业术语。

（6）可输入区域和只读区域没有明显的区分标志。

Q6：测试结束的标准是什么？

回答：（1）用例全部测试。

（2）覆盖率达到标准。

（3）缺陷率达到标准。

（4）其他指标达到质量标准。

Q7：alpha 测试与 beta 测试的区别是什么？

回答：alpha 测试是由一个用户在开发环境下进行的测试，也可以是公司内部的用户在模拟实际操作环境下进行的受控测试，alpha 测试不能由程序员或测试员完成。alpha 测试发现的错误可以在测试现场立刻反馈给开发人员，由开发人员及时分析和处理。目的是评价软件产品的功能、可使用性、可靠性、性能和支持性。alpha 测试尤其注重产品的界面和特色。alpha 测试可以从软件产品编码结束之后开始，或在模块（子系统）测试完成后开始，也可以在确认测试过程中产品达到一定的稳定性和可靠性之后再开始。有关的手册（草稿）等应该在 alpha 测试前准备好。

alpha 测试是在系统开发接近完成时对应用系统的测试，测试后仍然会有少量的设计变更。这种测试一般由最终用户或其他人员完成，不能由程序或测试员完成。

beta 测试是软件的多个用户在一个或多个用户的实际使用环境下进行的测试。开发者通常不在测试现场，beta 测试不能由程序员或测试员完成。因而，beta 测试是在开发者无法控制的环境下进行的软件现场应用。在 beta 测试中，由用户记录遇到的所有问题（包括真实的以及主管认定的），定期向开发者报告，开发者在综合用户的报告后，做出修改，最后将软件产品交付给全体用户。beta 测试关注产品的支持性，包括文档、客户培训和支持产品的生产能力。只有当 alpha 测试达到一定的可靠性后，才能开始 beta 测试。因为 beta 测试的主要目标是测试可支持性，所以 beta 测试应该尽可能由主持产品发行的人员来管理。

beta 测试是在开发和测试完成后所做的测试，最终的错误和问题需要在项目上线前找到。这种测试一般由最终用户或其他人员完成，不能由程序员或测试员完成。

五、应用题

1. 请根据登录界面设计相关测试用例。

（1）界面测试点如下。

① 测试界面的设计风格是否与 UI 的设计风格统一。

② 判断界面中的文字是否简洁易懂。

③ 确认界面中没有错别字。

（2）输入用户名与密码时需要考虑的组合如下。

① 正确的用户名与正确的密码。

② 正确的用户名与错误的密码。

③ 错误的用户名与正确的密码。

④ 错误的用户名与错误的密码。

⑤ 空的用户名和空的密码。

⑥ 正确的用户名和空的密码。

（3）安全性测试的要点如下。

① 验证密码是否隐蔽。

② 输入特殊字符串。

③ 不能直接输入，就复制，要检验数据是否出错。

（4）其他测试点如下。

① 对于输入框，考虑是否支持 Tab 键。

② 对于登录按钮，要考虑是否支持回车键。

③ 验证取消后的默认位置（一般为空白的用户名输入框）。

④ 验证登录后的跳转页面是否正确（一般为首页）。

⑤ 要考虑多次单击"登录"和"取消"按钮的界面反应。

⑥ 考虑是否支持多用户在同一机器上登录。

⑦ 考虑一用户在多台机器上登录。

⑧ 验证登录页面中的"注册"等链接是否正确。

⑨ 验证密码的前、中、后是否有空格。

⑩ 验证用户名与密码使用的字符范围及位数限制（等价类划分法及边界值分析法会用强制的复制与粘贴来实现不允许输入的字符以及一些保留字的测试）。

⑪ 对于验证码，还要考虑文字扭曲程度是否会导致辨认难度大，考虑颜色（色盲使用者）刷新或换一个按钮是否好用。

2. 关于一个印有文字的水杯，请列出你能想到的测试用例。

（1）要测试的基本特性如下。

① 杯子的容量。测试能装多少升水，空杯、半杯、满杯下的容量。

② 杯子的形状。杯子是圆台形的，口大底小。

③ 杯子的材料。判断杯子是纸杯、玻璃杯还是陶瓷杯。

④ 杯子的抗摔能力。判断风吹是否会倒杯子，摔一次是否会摔坏，摔多次是否会摔坏。

⑤ 杯子的耐温性。在装冷水、冰水、热水的情况下，测试水的温度变化。

（2）广告图案涉及的测试内容如下。

① 验证广告内容与图案碰水是否会掉色。

② 判断广告内容与图案是否合法。

③ 判断广告内容与图案是否容易剥落。

（3）影响范围涉及的测试内容如下。

① 可用性。

● 装入液体多久后会漏水？

● 装入热水多久后可以变温？装入冰水多久后可以融化？

② 安全性。

● 装入不同液体（如可乐、咖啡等），是否会有化学反应？

● 装入热水后杯子是不是会变形并产生异味？

● 特定环境（高温、低温、长久存放）下是否挥发毒性物质？

● 是否可降解、回收？丢弃是否有对环境其他物体有害？

③ 易用性。

● 不同人群是否能喜欢杯子的形状、握杯的感觉和喝水的感觉？

● 不同人群是否能接受杯子的广告内容与图案？

附录 B 国内的测试社区

本附录介绍国内的测试社区——测试窝、51Testing 、VIPTest 社区、Testner 测试圈和 IT 人读书圈。

测试窝是以软件测试为主题的社区门户，属于开源、非营利的技术平台。测试窝一直坚持自由、开放、分享的理念，目前已成为很具影响力的软件测试工程师交流平台，提供原创技术写作、海外测试译文发布、测试招聘发布等服务，同时提供测试工作记录、最新海内外测试资讯发布，以及线下沙龙活动。

测试窝名字之由来如下。

2009 年正是社交网络服务（Social Networking Service，SNS）兴起的年代，成立之外，"测试窝"希望在软件测试同行间构筑起一个属于软件测试人员的社交平台，不像传统博客那样刻板，也不推崇像 BBS 与 Q 群那样天马行空般地交流，更不具有大众 SNS 的娱乐属性，"窝"字代表了温暖的感觉。

51Testing 是国内比较早开始专注于软件测试领域的培训机构，堪称软件测试界的"黄埔军校"。为凝聚行业力量，共同为中国软件测试的发展做贡献，51Testing 长期为中国软件测试从业人员提供开放式的公益软件测试交流平台，以此方便业内人士共同分享软件测试理论与实践经验。

51Testing 软件测试网是国内人气比较高的软件测试门户网站。网站始终坚持以专业技术为核心，关注软件测试领域前沿技术和管理思想，举办各种网络服务和活动推动软件测试交流，也是企业发布各种软件测试资讯、人才招募信息的首选网络媒体。

VIPTest 社区（公众号是 VIPTEST）成立于 2018 年年初，是公益性质的测试开发技术交流与互助组织。

VIPTest 社区的使命是推动中国测试行业发展，形成世界级影响力。

VIPTest 社区的愿景是连接和赋能 100 万测试从业者，构建良性行业生态。

VIPTest 社区的价值观是公益、共享、互助、生态。

Testner 测试圈是非营利性的，是交流软件测试与结交测试朋友的实名制公益平台。

Testner 团队由国内软件测试专家、测试经理、测试工程师组成，其愿景是响应国家"互联网+"的号召，规范软件测试行业，培养更多软件测试精英，提升软件质量，振兴民族软件产业。

IT 人读书圈（公众号是 Agile-Reading）立足 IT 职场人士学习，汇集适合 IT 职场人士阅读的图书清单及读书笔记，推广敏捷读书法。

IT 人读书圈中分享了很多软件测试专家推荐的相关测试书，以及阅读心得，不定期举办线上线下读书会，应用敏捷读书法开展阅读交流和知识共享活动。

附录 C　国产软件测试工具

C.1　XMeter

业界常用的性能测试工具是 LoadRunner，而 XMeter 是脱胎于开源性能测试工具 JMeter 的一个云性能测试平台。

XMeter 是国内一个以业界流行的开源性能测试工具 JMeter 为核心、基于大数据与云计算技术实现的支持大规模性能测试平台，提供在线运行的 SaaS 和企业私有部署方案。

XMeter 性能测试云平台主要具备以下特点。

- 支持百万级大规模并发。
- 支持 20 多种协议，易于扩展、定制。
- 具有实时监测被测系统、实时处理测试数据并图形化展示的功能。
- 具有统一和规范的性能测试流程，具有在线管理测试资源、测试脚本、测试结果等其他功能。
- 平台水平扩展能力极强，可以承受数百台压力机。
- 支持多租户、多团队同时使用，用户之间测试机环境独立、互不干扰。
- 支持长时间的稳定性测试。即使测试时间过长，工具平台也不会导致测试失败或者测试数据丢失。

C.2　星云测试

星云测试是根据精准测试思想设计的创新的软件测试平台。

精准测试是一套计算机测试辅助分析系统。精准测试的核心技术有用例和代码的双向追溯、智能回归测试用例选取、覆盖率分析、缺陷定位、测试用例聚类分析、测试用例自动生成系统。

在黑盒测试过程中，由计算机软件采集程序执行逻辑以及其他测试数据，在测试过程中，测试人员不需要直接面对程序代码。精准测试可以完成测试用例和代码的自动关联，将功能测试直接映射到代码层。

所有数据由系统自动、原生录入，数据不可篡改，产生的测试数据可直接用于测试过程的管理和实效分析。

精准测试支持测试数据的精准度量以及全面的、多维度的测试分析算法，将白盒测试的视角从覆盖率扩展到智能测试分析。

精准测试基于测试用例和代码的映射关系，支持快速迭代过程中回归测试用例的自动选取算法。

精准测试主要通过改进技术对协作、流程进行改进。例如，通过精准测试系统，测试人员可以自动描述功能的代码实现逻辑并且可视化展示和存储，研发人员可以基于这些信息对系统进行迭代和一致性修改，甚至帮助开发人员去理解代码实现逻辑。通过精准测试系统的缺陷定位技术，测试人员基于从功能角度标记的测试用例的执行状态（通过/失败）以及测试用例与代码的频谱映射关系，可以自动计算缺陷代码的怀疑率，给出最可能出错的代码块。

C.3 Eolinker

Eolinker 是国内 API 管理解决方案的领军者，是国内最大的在线 API 管理服务供应商，致力于满足各行业客户在不同应用环境中对接口全生命周期管理的个性化需求，提供 API 开发管理、开发团队协作、自动化测试服务，以及网关与监控方面的服务，帮助企业实现开发运维一体化，提升开发速度并且降低运维成本。

Eolinker 包含一系列与 API 管理相关的工具，其中 API Studio 开箱即用的 API 研发管理解决方案可以零代码实现 API 自动化测试。

不需要复杂的配置，Eolinker 支持读取代码注解，生成 API 文档，或者通过 UI 快速创建全面的 API 文档。通过 Mock API、API 变更通知、版本管理等服务，Eolinker 让团队更敏捷。

Eolinker 全面支持 HTTPS、Restful、Web Service 等类型 API。强大的 API 自动化测试和用例管理功能，让你不写代码即可实现 API 自动化测试，实时生成测试报告，提高测试覆盖率。

C.4 禅道

禅道是国内比较早基于开源模式研发的一款项目管理软件，在国内拥有众多用户。

禅道这个名字受《编程之道》和《编程之禅》这两本书的启发。英文里面的禅为 Zen，道为 Tao，所以软件的英文名字为 zentao。

禅道的特点是将软件研发中的产品管理、项目管理、质量管理三个核心流程融合在一套工具里面，是一款软件生命周期管理软件。类似于微软的 Team Foundation Server、HP 的 ALM、Atlassian 的 JIRA，但是禅道更加轻量级。禅道的核心管理思想是基于 Scrum，然后在 Scrum 的基础上完善测试管理、文档管理、事务管理等功能。

其中质量管理包括管理 Bug、测试用例、测试任务、测试结果等功能。

在禅道软件中，明确地将产品、项目、测试三个概念区分开，产品人员、开发团队、测试人员三者分立，互相配合，又互相制约，通过需求、任务、Bug 来进行交互，最终通过项目得到合格的产品。

C.5 Visual Unit

Visual Unit（VU）是可视化的 C/C++ 单元测试工具，也是 eTDD（easy TDD，易行版 TDD）工具。

VU 适用于大型、超大型、高耦合项目。VU 不仅可以自动解决大型项目的各种测试难题，还能够高效地完成高耦合代码的测试。

VU 实现了彻底的表格驱动，测试的主要工作就是在表格中填数据。对于数组、链表、映射表等集合数据，也只需要在表格中填数据。对于底层输入（调用底层函数获得的输入）、局部输入（测试执行过程中对任意变量的实时赋值）、局部输出（测试执行过程中对任意变量的实时判断），我们只需要单击就可以添加表格。编写测试代码，编写桩代码，编写模拟对象等工作从此成为历史。

测试用例设计器帮你快速完成航空级别要求的修订的条件/分支覆盖（Modified Condition/Decision Coverage，MC/DC）。

测试输出完整描述程序行为（什么输入执行哪些代码，产生了什么输出），程序行为一目了然。

术语表

A

abstract test case（抽象测试用例）: 参见 high level test case。

acceptance criteria（验收准则）: 为了满足组件或系统使用者、客户或其他授权实体的需求，组件或系统必须达到的准则。

acceptance testing（验收测试）: 系统开发生命周期方法论的一个阶段，相关的用户和独立测试人员根据测试计划和结果对系统进行测试与接收。它让系统用户决定是否接收系统。它是一项确定产品是否能够满足合同或用户所规定需求的测试。测试内容包括安装（升级）、启动与关机、功能测试、性能测试、配置测试、平台测试、安全性测试、恢复测试和可靠性测试等。常用策略包括正式验收、非正式验收。

actual result（实际结果）: 组件或系统测试之后产生或观察到的行为。

ad-hoc testing（随机测试）: 非正式的测试执行，主要根据测试者的经验对软件进行功能和性能抽查，是根据测试说明书执行用例测试的重要补充手段，是保证测试覆盖完整性的有效方式和过程。

agile testing（敏捷测试）: 对使用敏捷方法（如极限编程）开发的项目进行的软件测试，强调测试优先性的设计模式。

alpha testing（α测试）: 非正式验收测试，由潜在用户或独立的测试团队在开发环境下进行的测试，也可以是公司内部的用户在模拟实际操作环境下进行的测试。alpha测试不能由程序员或测试员完成。

application software（应用软件）: 是和系统软件相对应的，是用户可以使用的各种程序设计语言，以及用各种程序设计语言编制的应用程序的集合，分为应用软件包和用户程序。

audit trail（审计跟踪）: 以过程输出作为起点，追溯到原始输入（例如，数据）的路径，有利于缺陷分析和过程审计的开展。

automated testing（**自动化测试**）：把以人为驱动的测试行为转化为机器执行的一种过程。软件测试就是在预设条件下运行系统或应用程序，评估运行结果。预设条件应包括正常条件和异常条件。

availability（**可用性**）：用户使用系统或组件的可操作和易用的程度，通常以百分比的形式出现。

B

back-to-back testing（**比对测试**）：对于相同的输入，使用组件或系统的两个或多个变量，在产生偏差的时候，对输出结果进行比较和分析。

bar code（**条形码**）：将宽度不等的多个黑条和空白，按照一定的编码规则排列，用于表达一组信息的图形标识符。

baseline（**基线**）：通过正式评审或批准的规格或软件产品。以它作为继续开发的基准，并且在变更的时候，开发人员必须通过正式的变更流程来进行。

basic block（**基本块**）：一个或多个连续可执行的语句块，不包含任何分支语句。

basis test set（**基本测试集**）：根据组件的内部结构或规格说明书设计的一组测试用例。执行这组测试用例可以保证达到完全覆盖准则的要求。

behavior（**行为**）：组件或系统对输入值和预置条件的反应。

benchmark test（**基准测试**）：为使系统或组件能够进行度量和比较而制定的一种测试标准，用于组件或系统之间的比较或和测试标准进行比较的测试。

beta testing（**β测试**）：软件开发公司组织各方面的典型用户在日常工作中实际使用beta 版本，即让用户进行测试，并要求用户报告异常情况、提出批评意见，然后软件开发公司再对 beta 版本进行完善。

black-box testing（**黑盒测试**）：又称功能测试、数据驱动测试或基于规约的测试，是针对软件的功能需求/实现进行测试，通过测试来检测每个功能是否符合需求，不考虑程序内部的逻辑结构。黑盒测试方法包括等价类划分法、边界值分析法、错误推测法、因果图法、判定表法、正交试验法。

bottom-up-testing（**自底向上测试**）：渐增式集成测试的一种，其策略是先测试底层的组件，以此为基础逐步进行更高层次的组件测试，直到系统集成所有的组件。

boundary value（**边界值**）：通过分析输入或输出变量的边界或等价类划分法的边界来设计测试用例，例如，取变量的最大值、最小值、中间值、比最大值大的值、比最小值小的值。

branch（分支）：在组件中，控制从任何语句到其他任何非直接后续语句的一个条件转换，或者是一个无条件转换。例如，case、jump、goto、if-then-else 语句。

bug（缺陷）：参见 defect。

bug report（缺陷报告）：参见 defect report。

business process-based testing（基于业务过程测试）：一种基于业务描述或业务流程的测试用例设计方法。

button（按钮）：一种基础控件，单击以执行相应操作。按钮的位置、宽、高、颜色以及上面的文字等都是可以设置的。按钮控件根据风格属性可派生出命令按钮（command button）、复选框（check box）、单选按钮（radio button）、组框（group box）和自绘式按钮（owner-draw button）。

【图例】

C

check box（复选框）：可选中一个或同时选中多个复选框，以打开或者关闭某选项。

【图例】

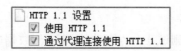

【使用方法】作为一种选择标记，可以有选中和不选中两种状态。当它处于选中状态时，在小方框内会出现一个"√"。它允许用户从一组选项中选择多个选项。

【测试方法】多个复选框可以同时选中；可以部分选中；可以都不选中；逐一测试每个复选框的功能。

code（代码）：程序员用开发工具所支持的语言写出来的源文件，是一组由字符、符号或信号码元以离散形式表示信息的明确的规则体系。

coding（编码）：也称为计算机编程语言的代码，是指用代码来表示各组数据资料，使其成为可利用计算机进行处理和分析的信息。

【编码种类】字符编码（character encoding）、文字编码（text encoding）、语义编码（semantics encoding）、电子编码（electronic encoding）、PCM（Pulse Code Modulation，脉冲编码调制）编码、神经编码（neural encoding）、记忆编码（memory encoding）、加密（encryption）编码、译码（transcoding）。

combo box（组合框）：是由一个文本输入控件和一个下拉菜单组成的。用户可以从一个预先定义的列表里选择一个选项，也可以直接在文本框里面输入文本。

【测试方法】

- 判断条目内容是否正确。
- 逐一执行组合框中每个条目的功能。
- 检查能否向组合框输入数据。

【图例】

compliance testing（一致性测试）：确定组件或系统是否满足标准的测试过程。

component（组件）：一个可独立测试的最小软件单元。

component integration testing（组件集成测试）：为发现集成组件接之间和集成组件交互产生的缺陷而执行的测试。

compound condition（复合条件）：通过逻辑操作符（and、or 或者 xor）将两个或多个简单条件连接起来，如 "$a>0$ and $b<1000$"。

computer（计算机）：可以进行数值计算，又可以进行逻辑计算，还具有存储、记忆功能，是能够按照程序运行，自动、高速处理海量数据的现代化智能电子设备。

computer network（计算机网络）：将地理位置不同的具有独立功能的多台计算机及其外部设备，通过通信线路连接起来，在网络操作系统、网络管理软件及网络通信协议的管理和协调下，实现资源共享和 信息传递的计算机系统。

computer program（**计算机程序**）：一组指示计算机执行动作或做出判断的指令，通常用某种程序设计语言编写，运行于某种目标体系结构上。

condition coverage（**条件覆盖率**）：执行测试套件（test suite）能够覆盖到的条件百分比。100%的条件覆盖率要求测试到每一个条件语句真、假的条件。

condition determination coverage（**条件决定覆盖率**）：执行测试套件覆盖到的能够独立影响判定结果的单个条件的百分比。100%的条件决定覆盖率意味着100%的判定条件覆盖率。

condition determination testing（**条件决定测试**）：一种白盒测试技术，是对能够独立影响决策结果的单独条件的测试。

condition testing（**条件测试**）：一种白盒测试技术，设计测试用例以执行条件的结果。

confidence test（**置信测试**）：参见 smoke testing。

configuration management（**配置管理**）：通过技术手段对软件产品及其开发过程和生命周期进行控制、规范的一系列措施。

confirmation testing（**确认测试**）：参见 re-testing。

D

data recovery（**数据恢复**）：通过技术手段，对保存在台式机硬盘、笔记本硬盘、服务器硬盘、存储磁带库、移动硬盘、U 盘、数码存储卡、MP3 等设备上丢失的电子数据进行抢救和恢复的技术。

data structure（**数据结构**）：计算机存储、组织数据的方式以及表达相互之间存在一种或多种特定关系的数据元素的方式。

database（**数据库**）：按照数据结构组织、存储和管理数据并且建立在计算机存储设备上的仓库。

DataBase Management System（**数据库管理系统，DBMS**）：一种操纵和管理数据库的大型软件，用于建立、使用和维护数据库，它对数据库进行统一的管理和控制，以保证数据库的安全性和完整性。主要功能包括数据定义，数据操作，数据库的运行管理，数据组织、存储与管理，数据库的保护，数据库的维护和通信。

database system（**数据库系统**）：由硬件、软件、数据库和数据管理员组成的系统；是为适应数据处理的需要而发展起来的一种较理想的数据处理系统，也是一个为实际可运行的存储、维护和应用系统提供数据的软件系统，是存储介质、处理对象和管理系统的集合体。

database technology（数据库技术）：通过研究数据库的结构、存储、设计、管理以及应用的基本理论和实现方法，并利用这些理论来实现对数据库中数据的处理、分析和理解的技术。

defect（软件缺陷）：又称 Bug。软件缺陷即计算机软件或程序中存在的某种破坏正常运行能力的问题、错误或者隐藏的功能缺陷。软件没有实现产品规约所要求的功能模块；软件中出现了产品规约指明不应该出现的错误；软件实现了产品规约没有提到的功能模块；软件没有实现虽然产品规约没有明确提及但应该实现的目标；软件难以理解，不容易使用，运行缓慢。

defect density（缺陷密度）：将软件组件或系统的缺陷数和软件或组件规模相比的一种度量（标准的度量术语包括每千行代码中的缺陷数、每个类或功能点中的缺陷数等）。

defect management（缺陷管理）：在软件生命周期中识别、管理和沟通任何缺陷的过程（从缺陷的识别到缺陷的解决、关闭），确保缺陷被跟踪、管理而不丢失。

defect report（缺陷报告）：对造成软件组件或系统不能实现预期功能的缺陷进行描述的报告文件。

documentation testing（文档测试）：关于文档质量的测试，例如，对用户手册或安装手册的测试。

E

efficiency（效率）：一定条件下根据资源的使用情况，软件产品能够提供适当性能的能力。

efficiency testing（效率测试）：确定测试软件产品效率的测试过程。

elementary comparison testing（基本比较测试）：一种黑盒测试设计技术，根据判定条件覆盖率的理念，设计测试用例来测试软件各种输入的组合。

equivalence partitioning technique（等价类划分法）：属于黑盒测试用例设计方法，该方法从组件等价类中选取典型的点进行测试。原则上每个等价类中至少要选取一个典型的点来设计测试用例。

error guessing（错误推测）：根据测试人员以往的经验，猜测在组件或系统中可能出现的缺陷以及错误，并以此为依据来进行特殊的用例设计以暴露这些缺陷。

exception handling（异常处理）：组件或系统对错误输入的反应。错误输入包括人为的输入、其他组件或系统的输入以及内部失败引起的输入等。

exhaustive testing（穷尽测试）：测试套件包含了软件输入值和前提条件所有可能组合的测试方法。

expected result（预期结果）：在特定条件下，根据规约或其他资源说明组件或系统预测的行为。

exploratory testing（探索性测试）：非正式的测试设计技术，测试人员主动设计一些测试用例，通过执行这些测试用例和在测试中得到的信息来设计新的、更好的测试用例。

F

fault（故障）：可能导致系统或功能失效的异常条件，类似于病人发病的病因。

fault tolerance testing（容错性测试）：主要检查系统的容错能力，检查软件在异常条件下自身是否具有防护性措施或者某种灾难性恢复手段。

feasible path（可达路径）：可以通过一组输入值和条件执行到的一条路径。

FMEA（Failure Modes and Effects Analysis，失效模型效果分析）：可靠性分析的一种方法，用于在基本组件级别上确认对系统性能有重大影响的失效。

frozen test basis（冻结测试基准）：测试基准文档，只能通过正式的变更控制过程进行修正。

functional design specification（功能设计规约）：一个描写产品结构设计的文档。

functional requirement specification（功能需求规约）：从用户角度（需求或市场人员根据用户要求编写）描述软件需要实现的功能、各个功能模块、各个功能模块的重要性和业务流程等的文档。

functional specification（功能规约）：一个详细描写产品特性的文档。

functional test design technique（功能测试设计技术）：通过分享组件或系统的功能规约进行测试用例的设计或选择的过程，该过程不涉及软件的内部结构。

functional testing（功能测试）：测试一个产品的特性和可操作行为以确定它们满足规约，就是对产品的各功能进行验证。功能测试在测试工作中占的比例最大，功能测试也叫黑盒测试。通常把测试对象看作一个黑盒。当利用黑盒测试法进行动态测试时，需要测试软件产品的功能，不需要测试软件产品的内部结构和处理过程。采用功能测试设计测试用例的方法有等价类划分法、边界值分析法、错误推测法、因果图法和综合策略法。

G

glass box testing（玻璃盒测试）：参考 white-box testing。

H

health check（健康检测）：对软件做整体性的功能测试。

high level test case（概要测试用例）：没有具体的（实现级别）输入数据和预期结果的测试用例。实际值没有定义或是可变的，而用逻辑概念来代替。

I

incremental testing（渐增测试）：集成测试的一种，组件逐渐增加到系统中，直到整个系统被集成。

infeasible path（不可达路径）：不能够通过任何可能的输入值集合执行的路径。

input domain（输入域）：所有有效输入的集合。

inspection（检视）：对文档进行的一种评审形式。

installing testing（安装测试）：确保软件在正常情况和异常情况（例如，首次安装、升级、完整的或自定义）下的安装都能完成的测试。包括测试安装代码以及安装手册。安装手册会介绍如何进行安装。安装代码提供安装一些程序能够运行的基础数据。通常情况下测试伴随安装的整个过程。

instrumentation（插装）：在程序中插入额外的代码以获得程序在执行时行为的信息。

instrumenter（插装器）：执行插装的工具。

integration testing（集成测试）：测试一个应用组合后的部分以确保它们的功能在组合之后正确。该测试一般在单元测试之后进行。

interface（接口）：两个功能单元的共享边界。

interface analysis（接口分析）：分析软件与硬件、用户和其他软件之间接口的需求规约。

interface testing（接口测试）：测试系统组件间接口的一种测试。为了验证软件对外的接口服务是否可以正常提供服务及软件在不同场景中执行路径的安全性和可操作性，我们需要对接口进行测试。

internet（互联网）：又称网际网络，是网络与网络之间串联成的庞大网络，这些网络以一组通用的协议相连，在逻辑上形成单个巨大国际网络。

invalid input（无效输入）：在程序功能输入域之外的测试数据，指非法输入、无意义输入。

isolation testing（孤立测试）：组件测试（单元测试）策略中的一种，把被测组件从其上下文组件之中孤立出来，通过设计驱动和桩进行测试的一种方法。

J

Java（计算机编程语言）：一门面向对象编程语言，不仅吸收了 C++语言的各种优点，还摒弃了 C++里难以理解的多继承、指针等概念，因此 Java 语言具有功能强大和简单易用两个特征。作为静态面向对象编程语言的代表，Java 语言允许程序员以优雅的思维方式进行复杂的编程。Java 具有简单性、面向对象、分布式、健壮性、安全性、平台独立与可移植性、多线程、动态性等特点。使用 Java 可以编写桌面应用程序、Web 应用程序、分布式系统和嵌入式系统应用程序等。

JDK（Java Development Kit，Java 开发工具包）：Java 语言的软件开发工具包，主要用于移动设备、嵌入式设备上的 Java 应用程序。JDK 是整个 Java 开发的核心，它包含了 Java 的运行环境（JVM+Java 系统类库）和 Java 工具。

JavaScript：一种动态类型、弱类型、基于原型的语言，内置支持类型。它的解释器称为 JavaScript 引擎，为浏览器的一部分，广泛用于客户端的脚本语言，最早在 HTML 网页上使用，用来给 HTML 网页增加动态功能。

K

Key Performance Indicator（KPI，关键性能指标）：一种简单的定量指标，用来度量新代码的质量。比如，登录软件应用的时间，搜索内容和单击内容的时间，这些都可以是关键性能指标。

keyword driven testing（关键字驱动测试）：一种脚本编写技术，所使用的数据文件不仅包含测试数据和预期结果，还包含与被测程序相关的关键词。用于测试的控制脚本通过调用特别的辅助脚本解释这些关键词。

L

LCSAJ（Linear Code Sequence And Jump，线性代码序列和跳转）：包含三项（通常通过源代码清单的行号来识别），分别是可执行语句的线性序列的开始、结束以及在线性序列结尾控制流所转移到的目标行。

LCSAJ Coverage（LCSAJ 覆盖率）：一种测试套件所检测的组件的 LCSAJ 百分比。LCSAJ 覆盖率达到 100%意味着决策覆盖率为 100%。

LCSAJ testing（LCSAJ 测试）：一种白盒测试设计技术，其测试用例用于执行 LCSAJ。

learnability（**易学性**）：软件产品具有的易于用户学习的能力。

level test plan（**级别测试计划**）：通常用于一个测试级别的计划。

link testing（**组件集成测试**）：为发现集成组件接口之间和集成组件交互产生的缺陷而执行的测试。

list box（**列表框**）：用于提供一组条目（数据项），用户可以用鼠标选择其中一个或者多个条目，但是不能直接编辑列表框的数据。当列表框不能同时显示所有条目时，将自动添加滚动条，使用户可以滚动查阅所有选项。

【图例】

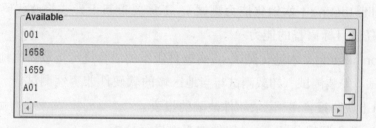

【使用方法】用户可以选择列表框中的一个或多个选项。

【测试内容】

- 测试条目内容是否正确。
- 测试滚动条是否可以滚动。
- 测试条码的功能能否实现。
- 测试列表框能否完全实现多选操作时的各种功能。

list of value（**值列表**）：在下拉列表中列出各个可供选择的选项，用户可以任意选择其中一个值。

【图例】

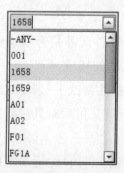

【使用方法】用户可选择下拉列表中的任意一个选项。

【测试内容】

- 单击值列表按钮，测试是否能弹出下拉列表框。
- 测试值列表中的选项是否可被选中。
- 选择值列表中的值，测试是否可用。

load testing（负载测试）：测试一个软件或 App 在超负荷下的表现。例如，测试一个软件系统的响应在大量的负荷下何时会退化或失败，以发现设计上的错误或验证系统的负载能力。在这种测试中，将使测试对象承担不同的工作量，以评测和评估测试对象在不同工作量下的性能行为，以及持续正常运行的能力。

localizability testing（本地化能力测试）：不需要重新设计或修改代码，将程序的用户界面翻译成任何目标语言的能力。

localization testing（本地化测试）：对软件版本的语言进行更改。本地化测试方法分为基本功能测试、安装测试、卸载测试与当地区域的软硬件兼容性测试。

log report（缺陷报告）：记录软件缺陷的报表。

logic analysis（逻辑分析）：对软件的逻辑进行分析。

logic-coverage testing（逻辑覆盖率测试）：通过增加负载来测量组件/系统的方法。

logic-driven testing（逻辑驱动测试）：通过分析组件/系统的内部结构进行的测试。

logical test case（逻辑测试用例/抽象测试用例）：没有具体的（实现级别）输入数据和预期结果的测试用例。实际值没有定义或是可变的，而用逻辑概念来代替。

log summary report（缺陷汇总报表）：记录软件所有缺陷汇总情况的报表。

low level test case（详细测试用例）：具体的（实现级别）输入数据和预期结果的测试用例。抽象测试用例中所使用的逻辑运算符被替换为对应于逻辑运算符作用的实际值。

M

maintainability（可维护性）：软件产品是否易于更改，以便修正缺陷，满足新的需求，使以后的维护更简单或者适应新的环境。

maintainability testing（可维护性测试）：判定软件产品的可维护性的测试过程。

maintenance（维护）：软件产品交付后对其进行的修改，以修正缺陷，改善性能或其他属性，或者使其适应新的环境。

maintenance testing（维护测试）：针对运行系统的更改或者新的环境对运行系统的影响而进行的测试。

management review（管理评审）：由管理层或其代表执行的对软件采购、供应、开发、运作或维护过程的系统化评估，包括监控过程、判断计划和进度表的状态、确定需求及其系统资源分配，或评估管理方式的效用，以达到正常运作的目的。

manual testing（手工测试）：由人一个一个地输入用例，然后观察结果，和机器测试相对应，属于比较原始但是必需的一个步骤。

master test plan（主测试计划）：通常针对多个级别的测试计划。

maturity（成熟度）：组织在其工作实践中的有效性和高效性，软件产品在存在缺陷的情况下避免失效的能力。

measure（测量）：测度时赋予实体某个属性的数值或类别。

measurement（测度）：给实体赋予一个数值或类别以描述其某个属性的过程。

measurement scale（度量标准）：约束数据分析类型的标准。

memory leak（内存泄漏）：程序的动态存储分配逻辑存在的缺陷，导致内存使用完毕后不能收回而不可用，最终导致程序因为内存缺乏而运行失败。

metric（度量）：测量所使用的方法或者度量标准（measurement scale）。

mightiness testing（强力测试）：通常验证软件在各种极端的环境和条件下是否还能正常工作。或者验证软件在各种极端环境和系统条件下的承受能力。比如，在最低的硬盘驱动器空间或系统存储容量下,验证程序重复打开和保存一个巨大的文件 1000 次后也不会崩溃。

migration testing（移植测试）：用于测试已有系统的数据是否能够转换为替代系统上的一种测试。

milestone（里程碑）：项目过程中预定义的（中间的）交付物和结果就绪的时间点。

mistake（错误）：人为地产生不正确结果的行为。

moderator（主持人）：负责检视或其他评审过程的负责人或主要人员。

modified condition decision coverage（改进的条件判定覆盖率）：参见 condition determination coverage。

modified condition decision testing（改进的条件判定测试）：参见 condition determination testing。

modified multiple condition coverage（改进的复合条件覆盖率）：参见 condition determination coverage。

modified multiple condition testing（改进的复合条件测试）：参见 condition determination testing。

module（模块）：参见 component。

module testing（模块测试）：参见 component integration testing。

moment testing（动态测试）：通过运行软件来检验软件的动态行为和运行结果的正确性。根据在软件开发过程中所处的阶段和作用，动态测试可分为单元测试（unit testing）、集成测试（integration testing）、系统测试（system testing）、验收测试（acceptance testing）和回归测试（regression testing）。

monitor（监测器/监视器）：与被测组件/系统同时运行的软件工具或硬件设备，用于对组件/系统的行为进行监视、记录和分析。

monitoring tool（监测工具/监视工具）：参见 monitor。

multiple condition（复合条件/多重条件）：参见 compound condition。

multiple condition coverage（复合条件覆盖率）：测试套件覆盖的一条语句内的所有单条件结果组合的百分比。100%的复合条件覆盖率意味着 100%的条件判定覆盖率（condition determination coverage）。

multiple condition testing（复合条件测试）：一种白盒测试设计技术，测试用例用来覆盖一条语句中的单条件所有可能的结果组合。

mutation analysis（变异分析）：一种确定测试套件完整性的方法，即判定测试套件能够区分程序与其微变体之间区别的程度。

mutation testing（变异测试）：参见 back-to-back testing。

N

negative testing（负面测试）：又称逆向测试或反向测试，测试瞄准于使系统不能工作，是相对于正面测试（positive testing）而言的。正面测试用于测试系统是否完成了它应该完成的工作；而负面测试用于测试系统是否执行了它不应该完成的操作。

network engineering（网络工程）：按计划进行的以工程化的思想、方式、方法，设计、研发和解决网络系统问题的工程。

network testing（网络测试）：主要面向的是交换机、路由器、防火墙等网络设备，可以通过手动测试或自动化测试来验证该设备是否能够实现既定功能。网络测试首先需要验证的是设备的功能满足与否，在此基础上，设备的安全性也尤为重要。现在一些黑客可以通过一些工具或自己开发的脚本对设备进行攻击，比如 DDoS 攻击，DNS 攻击等。因此，网络安全测试也显得尤为重要。

non-conformity（不一致）：没有满足指定的需求。

non-functional requirement（**非功能需求**）：与功能性无关，但与可靠性、高效性、可用性、可维护性和可移植性等属性相关的需求。

non-functional requirement testing（**非功能性需求测试**）：与功能不相关的需求测试，如性能测试、可用性测试等。

non-functional test design technique（**非功能测试设计技术**）：推导或选择非功能测试所需测试用例的过程，此过程依据对组件/系统的规约说明进行分析，而不考虑其内部结构。

non-functional testing（**非功能测试**）：对组件/系统中与功能性无关的属性（例如可靠性、高效性、可用性、可维护性和可移植性）进行的测试。

normal queue（**正常排队**）：通常用于评判 Bug 的优先级。表示 Bug 需要排队等待修复，或列入软件发布清单。Bug 的优先级分为 1（resolve immediately）、2（normal queue）、3（not urgent）。

not urgent（**非紧急的**）：通常用于评判 Bug 的优先级。表示 Bug 可以在方便时纠正。

n-switch coverage（*n* **切换覆盖率**）：$n+1$ 个转换的序列在一个测试套件中被覆盖的百分比。

n-switch testing（*n* **切换测试**）：一种状态转换测试的形式，其测试用例执行 $n+1$ 个转换的所有有效序列。

O

off-the-shore software（**现货软件**）：面向大众市场（即大量用户）开发的软件产品，并且以相同的形式交付给许多客户。

operability（**可操作性**）：软件产品被用户操作或控制的能力。

operational environment（**运行环境**）：软件运行的环境。

operational profile testing（**运行概况测试**）：对系统运作模型（执行短周期任务）及其典型应用概率的统计测试。

operation testing（**运行测试**）：在组件/系统的运作环境下对其进行评估的一种测试。

oracle（**基准**）：参见 test oracle。

orthogonal experimental method（**正交试验设计**）：研究多因素多水平的设计方法，它根据正交性从全面试验中挑选出部分有代表性的点进行试验，这些有代表性的点具备

"均匀分散，齐整可比"的特点。正交试验设计是分析因式设计的主要方法，是一种高效率、快速、经济的实验设计方法。

outcome（**结果**）：参见 test result。

output（**输出**）：每一个测试用例都会有一个输出结果，根据输出结果是否符合预期，判断软件是否正常。

output domain（**输出域**）：可从中选取有效输出值的集合。

output value（**输出值**）：输出的一个实例/实值。

owner-draw button（**自绘式按钮**）：用户自己手动绘制的按钮。

P

paging control（**翻页控件**）：查看分页文件的上一个页面、下一个页面或任意存在的非当前页面的数据。

【图例】

performance testing（**性能测试**）：为了评估软件系统的性能状况和预测软件系统性能趋势而进行的测试和分析。通过自动化测试工具模拟多种正常、峰值以及异常负载条件对系统的各项性能指标进行测试。

【测试内容】应用在客户端性能的测试、应用在网络上性能的测试和应用在服务器端性能的测试。通常情况下，三方面有效、合理的结合，可以实现对系统性能全面的分析和瓶颈的预测。

【测试目的】验证软件系统是否能够达到用户提出的性能指标，同时发现软件系统中存在的性能瓶颈，优化软件，最后起到优化系统的目的。

【测试类型】包括负载测试（load testing）、压力测试（stress testing）、强度测试、容量测试（volume testing）和基准测试等。

【测试步骤】

（1）制定目标，分析系统。

（2）选择测试度量的方法。

（3）学习相关技术和工具。

（4）制定评估标准。

（5）设计测试用例。

（6）运行测试用例。

（7）分析测试结果。

【测试方法】

- 基准测试
- 性能规划测试
- 渗入测试
- 峰谷测试

【测试工具】LoadRunner、JMeter、PerformanceRunner等。

pilot testing（引导测试）：软件开发中，验证系统在真实硬件和客户基础上处理典型操作的能力。在软件外包测试中，引导测试通常是客户检查软件测试公司测试能力的一种形式，只有通过了客户特定的引导测试，软件测试公司才能接受客户真实软件项目的测试。

portability testing（可移植性测试）：又称兼容性测试（compatibility testing），是指测试软件是否可以成功移植到指定的硬件或软件平台上。

positive testing（正面测试）：假设在严格的软件质量控制监控下，软件各个模块的接口设计和模块功能设计完全正确无误并且满足要求。

【测试技术】可使用的测试分析技术有输入域测试法、输出域测试法、等价类测试法和规范导出法等。

practical usability testing（可用性测试）：对"用户友好性"的测试。

【测试方法】用户面谈、调查、用户对话的录像和其他一些技术都可使用。

production（项目上线）：测试完毕，用户进行安装、使用。

program testing（程序测试）：对一个实现了全部或部分功能、模块的计算机程序在正式使用前的检测，以确保该程序能按预定的方式正确地运行。

programming language（程序设计语言）：用于书写计算机程序的语言。

project（项目）：一系列独特的、复杂的并相互关联的活动，这些活动有着一个明确的目标或目的，必须在特定的时间、预算、资源限定内，依据规范完成。

【项目参数】包括项目范围、质量、成本、时间和资源等。

【基本特征】一次性，独特性，目标的明确性，组织的临时性和开放性，后果的不可挽回性。

project management（项目管理）：项目的管理者在有限的资源约束下，运用系统的观点、方法和理论，对项目涉及的全部工作进行有效管理。即从项目的投资决策开始到项目结束，全过程进行计划、组织、指挥、协调、控制和评价，以实现项目的目标。主要包括项目范围管理、项目时间管理、项目费用管理、项目质量管理、项目人力资源管理、项目沟通管理、项目风险管理、项目采购管理和项目集成管理。

pseudo-random（伪随机）：一个表面上随机的序列，但事实上是根据预定的序列生成的。

Q

Quality Assurance（QA，质量保证）：为了提供足够的信任表明实体能够满足质量要求，而在质量管理体系中实施并根据需要进行证实的全部有计划和有系统的活动。

quality attribute（质量属性）：影响某项质量的特性或特征。

Quality Control（QC，质量控制）：为使产品或服务达到质量要求而采取的技术措施和管理活动，致力于满足质量要求。它贯穿于质量产生、形成和实现的全过程中。产品质量控制可划分为 4 个阶段——进料控制、过程质量控制、最终检查验证和出货质量控制。

quality management（质量管理）：在质量方面指导和控制一个组织的协同活动。通常包括建立质量策略和质量目标，制订质量计划，实施质量控制、质量保证和质量改进。

quick response code（二维码）：用某种特定的几何图形按一定规律在平面（二维方向上）分布的、黑白相间的图形记录数据符号信息；在代码编制上巧妙地利用构成计算机内部逻辑基础的 0、1 比特流的概念，使用若干个与二进制相对应的几何形体来表示文字数值信息，通过图像输入设备或光电扫描设备自动识读以实现信息自动处理。

R

radio button（单选按钮）：为用户提供由两个或多个互斥选项组成的选项集，用户可以从中选择一个且只能选择一个。

【图例】

【使用方法】单选按钮总以两个或多个成组出现，具有互斥的性质，即每组中只有一个单选按钮可被选中。当处于选择状态时，会在圆圈中显示一个实心圆。

【测试方法】初始状态下有一个被默认选中，每组不能同时为空；一组单选按钮不能同时都选中，只能选中其中的一个；逐一执行每个单选按钮的功能。

random testing（随机测试）：没有书面测试用例，不记录期望结果，没有检查列表，没有脚本或指令的测试。主要根据测试者的经验对软件进行功能和性能抽查。随机测试是根据测试说明书执行用例测试的重要补充手段，是保证测试覆盖完整性的有效方式和过程。不按照一个又一个正式的测试用例来进行，也不局限于测试用例特定的步骤。测试人员在理解该软件功能的基础上运用灵活多样的想象力和创造力去模拟用户需求，进而随机使用该软件的多种功能。通常涉及很多的测试用例或通过更复杂的步骤来使用该软件。

recovery testing（恢复测试）：在系统崩溃、硬件故障或者其他灾难发生之后，重新恢复系统的情况。恢复测试主要检查系统的容错能力（即当系统出错时，能否在指定时间间隔内修正错误并重新启动系统）。恢复测试首先要采用各种办法强迫系统失败，然后验证系统是否能尽快恢复。

regression testing（回归测试）：修改了旧代码后，重新进行测试以确认修改没有引入新的错误或导致其他代码的错误；用于验证以前出现过但已经修复好的缺陷不再出现。理论上，对软件的任何新版本，都需要进行回归测试，以验证以前发现和修复的错误是否在新软件版本上再现。

release（版本发布）：测试完毕，发布正式版本给客户。

release note（发布说明）：标识测试项、测试项配置、目前状态及其他交付信息的文档，这些交付信息是由开发人员、测试人员和可能的其他风险承担者在测试执行阶段开始的时候提交的。

reliability testing（可靠性测试）：也叫稳定性测试，连续运行被测系统，以检查系统运行时的稳定程度。

requirement analysis（需求分析）：也称为软件需求分析、系统需求分析或需求分析工程等，是开发人员经过深入细致的调研和分析，准确理解用户和项目的功能、性能、可靠性等具体要求，将用户非形式的需求表述转化为完整的需求定义，从而确定系统必须做什么的过程。

【分析方法】功能分解方法、结构化分析方法、信息建模方法和面向对象的分析方法。

re-testing（再测试）：重新执行上次失败的测试用例，以验证 Bug 是否已修正的测试。

review（评审）：在产品开发过程中，由项目成员、用户、管理者或其他相关人员评价或批准产品的过程。

risk（风险）：在某一特定环境下，在某一特定时间段内，某种损失发生的可能性。风险由风险因素、风险事故和风险损失等要素组成。

risk analysis（风险分析）：对风险的影响和后果进行评价与估量，可分为定性分析和定量分析，包括风险识别、风险评估、风险管理策略、风险解决和风险监督等。

risk management（风险管理）：在项目或者企业等有风险的环境里把风险降至最低的管理过程。风险管理是指通过对风险的认识、衡量和分析，选择最有效的方式，主动地、有计划地处理风险，以最低成本争取获得最大安全保证的管理方法。

robustness testing（健壮性测试）：测试系统在出现故障时，是否能够自动恢复或者忽略故障并继续运行。

S

sanity testing（健全性测试）：一个初始的测试，用于判断一个新的软件版本是否可以执行基本的测试。

scenario testing（场景测试）：对测试的系统或业务流程进行模拟测试，以场景为驱动的集成测试，属于功能测试范畴，用于验证几个模块是否能够可用于一个用户场景。

screen shot（截图）：软件测试中，将软件界面中的错误（窗口、菜单、对话框等）的全部或一部分，使用专用工具存储成图像文件，以便于后续处理。

scroll bar（滚动条）：一种图形用户界面控件，由滚动滑块和滚动箭头组成。

【作用】上下、左右滚动查看更多内容；实现页与页的切换。

【测试方法】用滚轮控制滚动条；拖动滚动条；上下左右单击滚动条；单击滚动条的上下左右箭头等。

【图例】

security testing（安全性测试）：测试系统在应付非授权的内部/外部访问、故意的损坏时的防护情况。

【测试内容】包括应用程序的安全性和系统的安全性。

【测试方法】安全性测试期间，测试人员假扮非法入侵者，采用各种办法试图突破防线。例如，想方设法截取或破译密码，专门研究软件破坏系统的保护机制，故意导致系统失败，企图趁恢复之机非法进入，试图通过浏览非保密数据，推导所需信息等。理论上讲，只要有足够的时间和资源，没有不可入侵的系统。因此系统安全设计的准则是，使非法入侵的代价超过被保护信息的价值。此时非法入侵者已无利可图。

smoke testing（冒烟测试）：在对一个新版本进行大规模的测试之前，验证一下软件的基本功能是否可以实现，是否具备可测性，目的是确认软件基本功能正常，可以进行后续的正式测试工作。

software（软件）：按照特定顺序组织的计算机数据和指令的集合，包括与计算机系统操作有关的计算机程序、规程、规则，以及可能有的文件、文档及数据。

software crisis（软件危机）：在计算机软件的开发和维护过程中所遇到的一系列严重问题。

software design（软件设计）：从软件需求规约出发，根据需求分析阶段确定的功能设计软件系统的整体结构、划分功能模块、确定每个模块的实现算法并编写具体的代码，形成软件的具体设计方案。

software development（软件开发）：根据用户要求建造出软件系统或者系统中的软件部分的过程，是一项包括需求捕捉、需求分析、设计、实现和测试的系统工程。

software development environment（软件开发环境）：在基本硬件和数字软件的基础上，为支持系统软件和应用软件的工程化开发与维护而使用的一组软件，由软件工具和环境集成机制构成。

software development process（软件开发过程）：把用户需求转换为软件产品的开发过程。

software engineer（软件工程师）：从事软件开发相关工作的人员的统称，包括软件设计人员、软件架构人员、软件工程管理人员、程序员等，工作内容都与软件开发生产相关。

software engineering（软件工程）：一门研究用工程化方法构建和维护有效的、实用的和高质量的软件的学科。它涉及程序设计语言、数据库、软件开发工具、系统平台、标准和设计模式等方面。

【目标】在给定成本、进度的前提下，开发出具有适用性、有效性、可修改性、可靠性、可理解性、可维护性、可重用性、可移植性、可追踪性、可互操作性和满足用户需求的软件产品。追求这些目标有助于提高软件产品的质量和开发效率，减少维护的困难。

【基本原理】用分阶段的生命周期计划严格管理，坚持进行阶段评审，实行严格的产品控制，采用现代程序设计技术，结果应能清楚地审查，开发小组的人员应少而精并承认不断改进软件工程实践的必要性。

【开发方法】结构化方法、面向数据结构的软件开发方法、面向问题的分析法和原型化方法。

Software Engineering Process Group（软件工程过程小组）：提供过程上的指导，帮助项目组确定项目过程，帮助项目组进行策划，从而帮助项目组有效地工作，有效地执行过程。

software life cycle（软件生命周期）：又称为软件生存周期或系统开发生命周期，是从软件的产生直到报废的生命周期，周期内有问题定义、可行性分析、总体描述、系统设计、编码、调试、测试、验收、运行、维护、升级、废弃等阶段。

【周期模型】包括瀑布模型（waterfall model）、快速原型模型（rapid prototype model）、迭代模型（iterative model）和螺旋模型（spiral model）等。

software package（软件包）：具有特定的功能，用来完成特定任务的一个程序或一组程序，可分为应用软件包和系统软件包两大类。

software quality（软件质量）：软件符合明确叙述的功能和性能需求、文档中明确描述的开发标准，以及所有开发的软件都应具有的和隐含特征相一致的程度。

Software Quality Assurance（SQA，软件质量保证）：建立一套系统的方法，来向管理层保证拟定出的标准、步骤、实践和方法能够正确地被所有项目所采用。

software requirement（软件需求）：用户解决问题或达到目标所需条件或权能（capability），是系统或系统部件要满足合同、标准、规范或其他正式规定文档所需具有的条件或权能，包括功能性需求及非功能性需求。

software system（软件系统）：由系统软件、支撑软件和应用软件组成的计算机软件系统，它是计算机系统中由软件组成的部分。

software testing（软件测试）：在规定的条件下对程序进行操作，以发现程序错误，衡量软件质量，并对其是否能满足设计要求进行评估的过程。

【测试对象】程序、数据和文档。

【测试方法】灰盒测试（gray box testing）、白盒测试（white box testing）和黑盒测

试（black box testing）。

software testing engineer（软件测试工程师）：理解产品的功能要求，并对其进行测试，检查软件有没有错误，验证软件是否具有稳定性，写出相应的测试规范和测试用例的专业人员。

software testing life cycle（软件测试生命周期）：从测试项目计划建立到 Bug 提交的整个测试过程，包括软件项目测试计划制订、测试需求分析、测试用例设计、测试用例执行、Bug 提交这 5 个阶段。生命周期过程是测试计划制订→测试设计→测试开发→测试执行→测试评估。

software testing process measurement（软件测试过程度量）：提取软件测试过程中可计量的属性，在测试过程进行中以一定频度不断地采集这些属性的值，并采用一些恰当的分析方法对得到的这些数据进行分析，从而量化地评定测试过程的能力和性能，提高测试过程的可视性，帮助软件组织管理与改进软件测试过程。

source code（源代码）：也称源程序，是指未编译的、按照一定的程序设计语言规范书写的文本文件，是一系列可读的计算机语言指令。

【类型】按照源代码类型，软件通常分为两类——自由软件和非自由软件。自由软件一般不仅可以免费得到，而且公开源代码；相对应地，非自由软件则不公开源代码。

【作用】生成目标代码，即计算机可以识别的代码；对软件进行说明，即对软件的编写进行说明。

state transition diagram（状态转换图）：通过描绘系统的状态及引起系统状态转换的事件，来表示系统的行为。此外，状态转换图还指明了作为特定事件的结果系统将做哪些动作（例如，处理数据）。因此状态转换图提供了行为建模机制。

【备注】状态转换图是在软件测试中书写测试用例时一种不常用的方法。

statement coverage（语句覆盖率）：又称行覆盖率（line coverage）、段覆盖率（segment coverage）、基本块覆盖率（basic block coverage）。这是最常用、最常见的一种覆盖率，用于度量被测代码中每个可执行语句是否执行了。

【测试方法】设计若干个测试用例，运行被测程序，使得每一条可执行语句至少执行一次。这里的"若干个"意味着使用测试用例越少越好。

【公式】语句覆盖率 =（可执行的语句总数 / 被评价到的语句数量）×100%

statement testing（语句测试）：设计若干测试用例来执行程序代码中的语句。

static testing（静态测试）：不实际运行被测软件，仅通过分析或检查源程序的语法、结构、过程和接口等检查程序的正确性。对需求规约、软件设计说明书、源程序做结构分析、流程图分析和符号执行来找错。

【测试内容】包括代码检查、静态结构分析和代码质量度量等。

【优缺点】静态测试具有发现缺陷早、降低返工成本、覆盖重点和发现缺陷的概率高的优点，以及耗时长、不能测试依赖项和技术能力要求高的缺点。

【测试工具】Logiscope、PRQA 等。

statistical testing（统计测试）：用输入的统计分布模型来构造典型测试用例的一种方法。标识出频繁执行的部分，并相应地调整测试策略，针对这些频繁执行的部分进行详尽的测试。通过提高关键模块的安全性和可靠性，提高整个系统的安全性和可靠性，进而提高测试的性价比。统计测试进行的前提条件就是生成如实反映系统使用情况的使用模型。

storage testing（存储测试）：为验证系统是否满足指定存储目标进行的测试，特点是在现场实时快速完成动态数据采集与存储记忆。

【测试方法】在对被测对象无影响或影响在允许范围的条件下，在被测体或测试现场放置微型数据采集与存储测试仪，现场实时完成信息的快速采集与记忆，事后回收并由计算机处理和再现测试信息的一种动态测试技术。

【特点】现场实时快速完成动态数据采集与存储记忆，特别是在多种恶劣环境和有限的设计条件下完成动态参数测试。

stress testing（压力测试）：经常可以与"负荷测试"或"性能测试"相互代替。这种测试用来检查系统在负荷巨大、处理无限大的数据、对数据库进行非常复杂的查询等条件下的情况。它通常验证软件在各种极端的环境和系统条件下是否还能正常工作，或者验证软件在各种极端环境和系统条件下的承受能力。比如，在最低的硬盘驱动器空间或系统存储容量条件下，验证程序重复执行、打开和保存一个巨大的文件 1000 次后也不会崩溃。

Structured Query Language（SQL，结构化查询语言）：一种数据库查询和程序设计语言，用于存取数据以及查询、更新和管理关系数据库系统。SQL 包括数据查询语言（Data Query Language，DQL）、数据操作语言（Data Manipulation Language，DML）、事务处理语言（Transaction Processing Language，TPL）、数据控制语言（Data Control Language，DCL）、数据定义语言（Data Definition Language，DDL）、指针控制语言（Cursor Control Language，CCL）。

system analyst（系统分析员）：在大型、复杂的信息系统的建设任务中，承担分析、设计和领导实施的领军人物。要维护好与客户的关系，同时要正确理解客户的需求，选择合适的开发技术，并做好与客户的沟通交流。

system software（系统软件）：控制和协调计算机及外部设备，支持应用软件开发和运行的系统，是不需要用户干预的各种程序的集合，主要功能是调度、监控和维护计算机系统；负责管理计算机系统中各种独立的硬件，使它们可以协调工作。

system testing（系统测试）：针对整个产品进行的系统测试，目的是验证系统是否满足了需求规约的定义，找出与需求规约不相符合或与之矛盾的地方。不仅包括需要测试的产品系统的软件，还要包含软件所依赖的硬件、外设，甚至包括某些数据、某些支持软件及其接口等。因此，测试人员必须将系统中的软件与各种依赖的资源结合起来，在系统实际运行环境下进行测试。

T

test case（测试用例）：为特定目标而编写的一组测试输入、执行条件和预期结果，其目标是测试某个程序路径或核实是否满足某个特定的需求。

【作用】指导测试的实施，规划测试数据的准备，评估测试结果的度量基准，分析缺陷的标准。

【主要内容】包括版本号、模块名称、用例编号、用例名称、用例级别、前置条件、验证步骤、期望结果（含判断标准）、测试结果、测试时间和测试人员等。

test coverage（测试覆盖率）：测试系统覆盖被测试系统的程度，一项给定测试或一组测试对某个给定系统或构件的所有指定测试用例进行处理所达到的程度。

test design specification（测试设计说明书）：为一个测试条目指定测试条件（覆盖项）、具体测试方法并识别相关测试用例的文档。

test environment（测试环境）：执行测试需要的环境，包括硬件环境、网络环境、操作系统环境、仪器、模拟器、应用服务器平台环境、数据库环境以及各种支撑环境等。

test evaluation（测试评估）：对测试过程中的各种测试现象和结果进行记录、分析和评价的活动。

test execution（测试执行）：对被测组件/系统执行测试，产生实际结果的过程。

test execution schedule（测试执行时间表）：测试过程的执行计划。这些测试过程包含在测试执行时间表中，执行时间表列出了任务间的关联和执行的顺序。

test item（测试项）：被测试的单个要素。通常一个测试对象包含多个测试项。

test level（测试级别）：统一组织和管理的一组测试活动。测试级别与项目的职责相关联。例如，测试级别有组件测试、集成测试、系统测试和验收测试。

test management（测试管理）：计划、估计、监控和控制测试活动。通常由测试经理来执行。

test management tool（测试管理工具）：对测试过程中的测试管理和控制部分提供支持的工具。通常有如下功能——测试件管理、测试计划制订、结果记录、过程跟踪、事件管理和测试报告。

test manager（测试经理）：有效领导一个测试团队的人，用于指导、控制、管理测试计划及调整对测试对象的评估。

test monitoring（测试监控）：处理与定时检查测试项目状态等活动的相关测试管理工作。准备测试报告来比较实际结果和期望结果。

test object（测试对象）：需要测试的组件或系统。

test objective（测试目标）：设计和执行测试的原因或目的。

test oracle（测试准则）：在测试时确定预期结果与实际结果进行比较的源。准则可能是现有的系统（用作基准）、用户手册，或者个人的专业知识，但不可以是代码。

test plan（测试计划）：描述要进行的测试活动的范围、方法、资源和进度的文档。它确定测试项、被测特性、测试任务、谁执行任务和各种可能的风险。测试计划包括测试项目简介、测试需求说明、测试项、测试环境、测试方法、测试策略、测试资源配置、计划表、问题跟踪报告、测试风险和测试计划的评审等。

test procedure（测试过程）：设置、执行给定测试用例并对测试结果进行评估的一系列详细步骤。测试过程包括五大部分，分别为单元测试、集成测试、确认测试、系统测试和验收测试。

test process（测试流程）：为了保证测试质量而精心设计的一组科学、合理、可行、有序的活动。比较典型的测试流程一般包括制订测试计划、编写测试用例、执行测试、跟踪测试缺陷和编写测试报告等活动。

test report（测试报告）：一份有关某次测试的总结性文档，主要记录了该次测试的目的、测试结果、评估结果及测试结论等信息。对发现的问题和缺陷进行分析，为纠正软件存在的质量问题提供依据，同时为软件验收和交付打下基础。

test result（测试结果）：测试执行的成果，包括屏幕输出、数据更改、报告和发出的通信信息等。参见 actual result、expected result。

test script（测试脚本）：一个特定测试的一系列指令，这些指令可以由自动化测试工具执行。

test specification（**测试规范**）：为了一个特定的测试目的（例如，产品的验收等），规定性能特征要求、接口要求、测试内容、测试条件以及有关响应的文档。

test strategy（**测试策略**）：对整个测试项目的整理规划，主要包括测试标准、测试级别、需要进行的测试和测试风险等。

test suite（**测试套件**）：一组测试用例的执行框架，一种组织测试用例的方法。在测试套件里，测试用例可以组合起来以创造出独特的测试条件。

text box（**文本框**）：通常用于输入和显示文本。当只需要一行输入时，使用单行文本框；当需要多行输入时，使用多行文本框。

【图例】

【使用方法】文本框可以对输入进行验证，帮助修复错误的输入，自动补全输入的词，提供输入建议。

thread testing（**线程测试**）：自顶向下测试的一个变化版本，其中，递增的组件集成遵循需求子集的实现。

time sharing（**时间共享**）：一种操作方式，允许两个或多个用户在相同的计算机系统上同时执行计算机程序。这可以通过时间片轮转、优先级中断等实现。

to be confirmed（**tbc，待确认**）：等待进一步确认。

to be determined（**tbd，待定**）：在测试文档中表示一项进行中的、尚未最终确定的工作。

tooltip（**工具提示**）：当鼠标指针位于某个控件上并停留一段时间后，显示该控件功能的提示信息。

【图例】

top-down design（**自顶向下设计**）：一种设计策略，首先设计最高层的抽象和处理方式，然后逐步向更低级别进行设计。

top-down testing（**自顶向下测试**）：集成测试的一种递增实现方式，首先测试最顶层的组件，其他组件使用桩来模拟，然后逐步加入较低层的组件并进行测试，直到所有组件被集成到系统中。

U

understandability（可理解性）：表示软件产品对于用户是否易于理解、软件是否适用、应用于特定任务和应用的能力。

unit testing（单元测试）：对软件中的最小可测试单元进行检查和验证。单元测试是开发者编写的一小段代码，用于检验被测代码中一个很小的、很明确的功能是否正确。

unreachable code（不可达代码）：不可能到达因而不可能执行的代码。

up-down text box（上下文本框）：能够递增或递减数值的文本框。

【测试方法】

- 直接输入数字或用上下箭头控制。
- 利用上下箭头控制数字的自动循环。
- 直接输入超边界值。
- 输入默认值。
- 输入字符。

【图例】

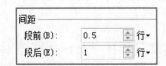

usability（可用性）：软件能被理解、学习、使用和在特定应用条件下吸引用户的能力。

usability testing（可用性测试）：用来判定软件产品可理解、易学、易操作和在特定应用条件下吸引用户程度的测试。目前的可用性评估方法超过 20 种。按照参与可用性评估的人员，可用性评估可以分为专家评估和用户评估；按照评估所处于的软件开发阶段，可用性评估可以分为形成性评估和总结性评估。形成性评估是指在软件开发或改进过程中，请用户对产品或原型进行测试，通过测试后收集的数据来改进产品或设计直至达到所要求的可用性目标。形成性评估的目标是发现尽可能多的可用性问题，通过修复可用性问题实现软件可用性的提高；总结性评估的目的是横向评估多个版本或者多个产品，输出评估数据，进行对比。

user acceptance testing（用户验收测试）：在软件产品完成了单元测试、集成测试和系统测试之后，在产品发布之前所进行的软件测试活动。它是技术测试的最后一个阶段，也称为交付测试。

【测试目的】确保软件准备就绪，并且最终用户可以使用软件实现既定功能。验收测试是向未来的用户表明系统能够像预定要求那样工作。验收测试是部署软件之前的最后一个测试操作。

user scenario testing（用户场景测试）：模拟特定场景边界发生的事情，通过事件触发某个动作的发生，观察事件的最终结果，从而发现需求中存在的问题。我们通常从正常的用例场景分析开始，然后再着手其他的场景分析。场景法一般包含基本流和备用流，从一个流程开始，通过描述经过的路径来确定过程，通过遍历所有的基本流和备用流来完成整个场景。场景主要包括 4 种主要的类型——正常的用例场景、备选的用例场景、异常的用例场景和假定推测的场景。

V

V-model（V 模型）：描述从需求定义到维护的整个软件开发生命周期活动的框架。V 模型说明了测试活动如何集成于软件开发生命周期的每个阶段。V 模型大体可以划分为以下几个不同的阶段——需求分析、概要设计、详细设计、软件编码、单元测试、集成测试、系统测试和验收测试。V 模型是一种传统软件开发模型，一般适用于一些传统信息系统应用的开发，而一些高性能、高风险的系统与互联网软件，或一个难以被具体模块化的系统就比较难做成 V 模型所需的各种构件，需要更强调迭代的开发模型或者敏捷开发模型。

validation（确认）：通过检查和提供客观证据证实特定功能或应用已经实现。

validation testing（确认测试）：又称有效性测试，在模拟的环境下，运用黑盒测试的方法，验证被测软件是否满足需求规约列出的需求。确认测试的内容包括进行确认测试，复审软件配置。

variable（变量）：计算机中的存储元素，软件程序通过其名称来引用。

verification（验证）：通过检查和提供客观证据证实指定的需求是否已经满足。

version control（版本控制）：一种软件工程技巧，用于在开发的过程中确保由不同人所编辑的同一档案都得到更新，能记录任何项目内各个模块的改动历史，并为每次改动编上序号。利用 Weblogic Workshop 的版本控制功能，能够在不中断当前正在运行的任何流程实例的情况下对业务流程进行更改。当对业务流程进行版本控制时，便创建了业务流程的子版本，该版本与其父版本共享同一公共 URI（Uniform Resource Identifier，统一资源标识符）。运行时，标记为有效的流程版本便是由外部客户端通过公共 URI 来访问的流程。

vertical traceability（**垂直可跟踪性**）：贯穿开发文档到组件层次的需求跟踪。

volume testing（**容量测试**）：使用大容量数据对系统进行的一种测试。通过测试预先分析出反映软件系统应用特征的某项指标的极限值（如最大并发用户数、数据库记录数等），系统在其极限状态下没有出现任何软件故障或还能保持主要功能正常运行。容量测试还将确定测试对象在给定时间内能够持续处理的最大负载或工作量。

W

walkthrough（**走查**）：由文档作者逐步陈述文档内容，以收集信息并对内容达成共识。

white-box test design technique（**白盒测试设计技术**）：通过分析组件/系统内部结构产生和选择测试用例的规程。

white-box testing（**白盒测试**）：又称结构测试、透明盒测试、逻辑驱动测试或基于代码的测试，是通过分析组件/系统内部结构进行的测试。白盒测试测试方法有代码检查法、静态结构分析法、静态质量度量法、逻辑覆盖法、基本路径测试法、域测试法、符号测试法、路径覆盖法和程序变异法。

wide band delphi method（**宽带德尔菲法**）：一种专家测试评估的方法，旨在利用团队成员的智慧来做精确的评估。其中参与估计的群体需要估计的是三种时间——最乐观时间、最保守时间和最可能时间。